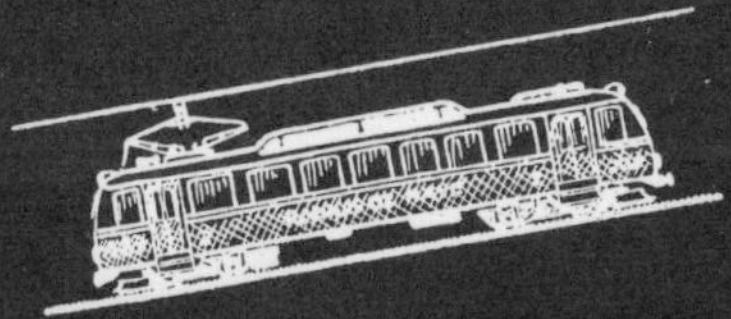

1938

1901

1898

1920

1904

1914

1946

1939

1927

1939

1945

Schweizer Bahnen damals

Alfred Moser (1879–1953),
dem Lokomotivführer,
Historiograph des Dampfbetriebes
der schweizerischen Eisenbahnen
und dem väterlichen Freund
gewidmet

Hansrudolf Schwabe

Schweizer Bahnen damals

Erinnerungsbilder an den Bahnbetrieb in der Schweiz
vor dreissig, fünfzig und hundert Jahren

Pharos

ISBN 3 7230 0180 7
Typographie, Satz und Druck:
Kirschgarten-Druckerei AG, Basel
Einband: Grollimund AG, Reinach BL
Printed in Switzerland

Umschlagbild:
Dampfzug der Normalspurlinie Glovelier–Saignelégier mit Lok Ed 3/4 Nr. 2 der RSG in der Station Saulcy (heute Bollement genannt) am 11. August 1945.
Umschlagrückseite:
Personenzug der BLS mit Lok Ae 6/8 205–208 auf der Bietschtalbrücke, Sommer 1946.

Zu den Bildern auf Seite 6:
Links die Hippsche Wendescheibe, als Hauptsignal noch heute bei der Station Cinuos-chel der Unterengadiner Linie der Rhätischen Bahn verwendet. Dieser Signaltyp ist 1876 entstanden; er kann sich mittels eines handaufgezogenen Gewichtsmechanismus, der ähnlich den Signalglocken elektrisch ausgelöst wird, um seine senkrechte Achse drehen.
Rechts ein dreiflügeliges Hauptsignal, in Stein-Säkkingen zur Freigabe der Ausfahrt über Ablenkung nach links bis in die 1960er Jahre im Gebrauch, heute im Verkehrshaus als Zeuge des früheren Signalwesens der Schweizer Bahnen aufbewahrt.

Inhalt

Die Anfänge

Dass die erste Eisenbahn in der Schweiz etwa zwei Jahrzehnte nach den frühesten lokomotivbetriebenen Bahnstrecken in England und Frankreich und mehr als zehn Jahre später als die erste Bahnlinie Deutschlands in Betrieb kam, ist bekannt und angesichts des kupierten Geländes, mit dem die Ingenieure im Jura- und Voralpengebiet zu kämpfen hatten, auch verständlich. Am 9. August 1847 dampfte die aus Emil Kesslers Karlsruher Fabrik stammende 2'A-Lokomotive «Limmat» mit dem Eröffnungszug der «Spanischbrötlibahn» von Zürich nach Baden. Das Unternehmen der Schweizerischen Nord-Bahn, dem die Strecke gehörte und das später in der grossen, von Zürcher Finanzmagnaten beherrschten Nordostbahn aufging, strebte zunächst die Fortsetzung seiner Linie durch das untere Aaretal und sodann längs des Hochrheins nach Basel an. Dieses Vorhaben konnte nach schweren Krisen erst 1892, lange nach der durch den Jura führenden Bözbergbahn, verwirklicht werden. In Basel hatte aber schon 1844 die französische Ostbahn von Strassburg her die faktisch ersten Schienen auf Schweizerboden gelegt und einen Bahnhof innerhalb der Stadtmauern errichtet. 1854 fuhr die Schweizerische Centralbahn von hier aus nach Liestal, 1858 nach Olten und weiter nach Bern, Biel, Aarau und bald auch Luzern, und schon 1855 erreichte die Badische Staatsbahn von Norden her die Handelsmetropole am Rheinknie. In der Westschweiz entstanden Anschlüsse ans französische Bahnnetz, und um 1860 waren die Eisenbahnen der Schweiz fest ins gesamteuropäische Eisenbahnsystem integriert.

Über den damaligen Bahnbetrieb sich ein klares Bild zu machen, fällt nicht leicht. Berichte sachkundiger Reisender sind selten. Das mutet einigermassen erstaunlich an, weil doch über Reisen mit den Postwagen und vor allem mit den Dampfbooten der Schweizer Seen ziemlich viele zuverlässige Quellen bestehen. Die spärliche Überlieferung spricht von einem – im Gegensatz zu den verhältnismässig pünktlich verkehrenden Dampfern – eher mühsamen, nicht straff geordneten Betrieb. Oft sollen die Züge der Spanischbrötlibahn mit den schwachen 2'A-Lokomotiven bei der «Bergfahrt» von Baden nach Zürich stecken geblieben sein, und auch den Maschinen der Centralbahn erging es kaum besser, vor allem nicht auf der mit ihren 26 Promille immerhin beträchtlichen Steigung der Hauensteinlinie, die zum Kreuz mancher wackeren Lokomotivbesatzung wurde und den Oltener Maschinenmeister Niklaus Riggenbach indirekt zum Zahnradsystem führte. Verspätungen waren an der Tagesordnung, und nur dem geringen Verkehr mag es zuzuschreiben sein, dass bis 1871 wenig Betriebsunfälle vorkamen. Einhelliges Lob indes haben die damaligen Fahrgäste dem Rollmaterial gezollt. Alle Personenwagen waren nach dem weiträumigen amerikanischen System gebaut, das keine abgeschlossenen Coupés mit vielen Seitentüren, sondern Eingänge über Querbalkons mit Durchgangsmöglichkeit durch den ganzen Zug kannte. Die vierachsigen Wagen der Centralbahn und der in der Ostschweiz verkehrenden Vereinigten Schweizerbahnen scheinen dank ihrer Drehgestelle einen besonders angenehmen Lauf gewährt zu haben.

Noch weniger häufig als schriftliche Mitteilungen sind genaue bildliche Darstellungen der ältesten schweizerischen Bahnen zu finden. Das versteht sich schon nur aus der Tatsache, dass die Photographie ebenfalls erst erfunden war und noch tief in den Kinderschuhen steckte. Stiche und Lithographien gibt es häufiger zu sehen, doch wirken auf ihren Landschaften die neuen Eisenbahnen mit ihren rauchenden Lokomotiven eher als Staffage denn als Bildmittelpunkt. Bekannt ist allerdings das «G.L.» gezeichnete Ölgemälde des alten Strassburger Bahnhofs in Basel aus dem Jahre 1847, das Lokomotiven und Wagen technisch präzis wiedergibt. Dagegen ist vom ersten Basler Bahnhof der Centralbahn ausser einem Grundrissplan keine Ansicht erhalten. Den Spanischbrötlibahnhof in Zürich hat J. B. Isenring ebenfalls 1847 gemalt, ebenso wie denjenigen von Baden. Von anderen Bahnhöfen bestehen frühe Photographien, vor allem jene aus Bern 1859 und aus Olten 1860 sowie einige ganz frühe aus Lausanne, die den Betrieb im ersten Bahnhof der «Ouest Suisse» mit den zierlichen Stephenson-Lokomotiven des Typs 1 B zeigen. Alle diese Darstellungen sind schon mehrmals, unter anderem im Jubiläumswerk «Ein Jahrhundert Schweizer Bahnen», reproduziert worden, so dass ihre erneute Wiedergabe hier entfallen kann. Auch einzelne Kunstbauten, vor allem die grossen Brücken am Rheinfall, der Sitterviadukt bei St. Gallen und die Thurbrücke bei Wil, die «Rote Brücke» über die Aare in Bern oder der Saaneviadukt von Grandfey, sind oft und gerne abgebildet worden. Züge im Betrieb oder einzelne Lokomotiven dagegen wurden ganz selten würdig zum Konterfei befunden, es sei denn als belebendes Beiwerk.

Ganz allgemein scheint, dass die fauchenden, qualmenden Lokomotiven, aus der Nähe besehen wohl noch mehr als aus der Ferne, dem mit ihnen nicht vertrauten passiven Beschauer Furcht einflössten. Die Aufklärung des technischen Zeitalters war noch nicht so weit gediehen, dass die Menschen sich auf den Bahnhöfen oder entlang der Bahnstrecken gleich unbefangen bewegt hätten wie beispielsweise wir Zeitgenossen in einem Flughafen. Von Ferne mochte man die Eisenbahn als Künder einer modernen Welt gerne, in der Nähe erschien sie unheimlich. Dies mag auch der Grund sein, weshalb ausgediente Bahnfahrzeuge fast nie aufbewahrt oder gar für Museen bereitgestellt wurden. Alte Lokomotiven zum Beispiel sind nur durch Zufälle erhalten geblieben. Erst vor relativ kurzer Zeit ist die Freude an historischen Zeugnissen der Technik wieder erwacht. Sie hat dazu geführt, dass in manchen Ländern Europas historische Lokomotiven und Eisenbahnzüge wieder rekonstruiert wurden. 1947 ist auf diese Weise die «Limmat», die den ersten Zug der Spanischbrötlibahn Anno 1847 von Zürich nach Baden geführt hatte, als Replik wieder auferstanden. Dass dazu freilich die fast wie durch ein Wunder erhalten gebliebene Engerth-Maschine «Speiser» der Centralbahn, eine der frühesten eigentlichen Schnellzuglokomotiven der Schweiz, geopfert wurde, bloss um einige Radsätze und Triebwerksteile zu verwenden, ist weniger schön. Wie dem auch sei, die «Limmat» von 1847 besteht seit 1947 erneut, und sie hat am 9. August des Jubiläumsjahres auch den offiziellen Festzug von Zürich nach Baden geführt, den wir im Bild auf der Höhe von Neuenhof, vor der Kreuzung mit einem normalen elektrisch geführten Schnellzug jener Zeit, erblicken können. Zudem verkehrte sie den ganzen Sommer hindurch nach einem ausgeklügelten Fahrplan in verschiedenen Regionen der Schweiz, wobei ihr, mit Ausnahme von zwei echten alten Wagen, ebenfalls rekonstruierter «Originalzug» vom Publikum benützt werden konnte. Unser Bild auf Seite 10

zeigt den «Spanischbrötlizug» am 19. April 1947 auf einer seiner ersten Fahrten bei Hinwil im Zürcher Oberland. Die noch erhaltenen zwei Originalwagen, ein Packwagen und ein Drittklasswagen, stammten von den Vereinigten Schweizerbahnen, die sie 1856 in Betrieb genommen hatte.

Ein einzigartiges Bild aus der Frühzeit des Eisenbahnbetriebes in der Schweiz zeigt die Brückenprobe des neuen Birsigviaduktes der französischen Ostbahn in Basel im Frühjahr 1860. Die Brücke ist, verbreitert und zur Ringstrasse ausgebaut, noch immer erhalten. Die Bahnlinie der Elsässerbahn aber wurde 1901 in einem weiten Bogen südlich um die Stadt gelegt. Bahneigentümerin der Strecke auf Schweizerboden war die Centralbahn; der Betrieb aber wurde mit französischem Rollmaterial geführt. Die abgebildete Lok der «Est» gehört dem «type Bourbonnais à grandes roues» an, der auch in der Westschweiz verwendet wurde.

Auf der Centralbahn verkehrten in der Frühzeit fast ausschliesslich Stütztenderlokomotiven des Typs Engerth. Ein Wirtshausschild in Wynigen an der Strecke Olten–Bern zeigt in peinlich genauer Darstellung die beiden Personenzugmaschinen «Olten» und «Bern» in vollem Dampf. Zum grossen Glück ist aber wenigstens eine derartige Lok im Original erhalten geblieben, nämlich die 1858 in Esslingen erbaute «Genf», eine B3e-Maschine der Serie Ec 2/5. Nach der Ausrangierung 1898 war dieses Triebfahrzeug in der Bahnwerkstätte Olten als Heizkessel zur Dampfabgabe verwendet worden und kam dann gelegentlich ins Depot St-Maurice zu stehen, ebenso wie die andere aufbewahrte Engerth-Maschine, die «Speiser» der Centralbahn. 1947, anlässlich des Eisenbahnjubiläums, wurde sie aus ihrem Dauerschlaf ans Tageslicht geholt und zunächst im April an der Mustermesse in Basel ausgestellt. Das Bild rechts auf Seite 13 zeigt sie bei diesem «Auftritt» auf einem Industriegleis an der Isteinerstrasse in Basel. Fahrtüchtig war sie damals allerdings noch nicht, doch trug sie noch den hohen zylindrischen Kamin, den sie in den 1860er Jahren im Dienst der Centralbahn erhalten hatte, als die Feuerung von Holz auf Kohle umgestellt wurde. Zehn Jahre später erlebte die Maschine eine durchgreifende Restauration mit Kesselerneuerung. So konnte sie mit eigenem Dampf den Festzug zum hundertjährigen Bestehen der Hauensteinlinie am 23. April 1958 von Sissach nach Olten schleppen. An Stelle des schönen kapitälbekrönten Kamins meinte man ihr damals freilich einen konischen Funkenfängerschornstein aufsetzen zu müssen, den sie seither trägt. Heute ist sie zusammen mit der Replik der «Limmat» im Verkehrshaus Luzern untergebracht.

Die weniger glückliche «Speiser», die als leichtere Eilmaschine nur einen zweiachsigen Stütztender besass, aber mit ihren grösseren Triebrädern von 1525 mm mit 75 km/Std. verkehren durfte, ist in ihrem letzten Betriebszustand auf dem linken Bild von Seite 13 zu sehen. Am 8. August 1937 stand sie mitsamt dem später

für den Spanischbrötlizug verwendeten Drittklasswagen Nr. 66 der VSB in Baden, wo die «Grosse Badenfahrt» zum neunzigjährigen Bestehen der Linie Baden–Zürich gefeiert wurde. 1939 konnte sie, romantisierend auf «alt» getrimmt und mit grossem Funkenfängerkamin versehen, noch die gute alte Zeit der Schweizer Bahnen an der Landesausstellung in Zürich repräsentieren. Fahrtüchtig war sie längst nicht mehr.

Ein sehr interessantes Bild aus der Frühzeit der Eisenbahnen in der Schweiz zeigt die anlässlich einer Brükkenprobe der Tössbrücke bei Winterthur–Töss im Frühsommer 1876 aufgestellte Schar alter Nordostbahnmaschinen. Links die «Toess», eine 2'B-Personenzuglok aus dem Jahr 1854, in der Mitte die «Bodan», eine der vier Schnellzugslokomotiven der Nordostbahn mit 1828 mm hohen Triebrädern, bei Maffei in München 1856 erbaut. Diese beiden Lokomotiven, die dem württembergisch-bayerischen Vorbild der «Amerikanerlokomotiven» mit Achsfolge 2'B entsprachen, sind Vertreterinnen der bei der NOB gleich wie in Württemberg anfänglich geltenden Maxime, für alle Dienste mit Einschluss des Güterzugsdienstes nur Drehgestellmaschinen zu verwenden. In den sechziger Jahren kam dann in grosser Anzahl die einfache zweiachsige B-Lokomotive auf. Rechts im Bild ist die aus dem Jahr 1872 stammende, damals also noch neue Lok Nr. 68, erbaut bei Krauss in München, zu sehen. Maschinenmeister Krauss hat bei der Nordostbahn die einfache B-Maschine mit und ohne Schlepptender entworfen und in eigener Regie erstmals erbaut; später sollte er mit diesem Typ seine Maschinenfabrik in München zur ersten Blüte bringen. Unter den grossen schweizerischen Eisenbahngesellschaften blieb die Nordostbahn die einzige, die sich der im Hauptbahnbetrieb nicht ganz ungefährlichen B-Maschinen in wesentlicher Zahl bediente. Die wegen des mit einem Geländer versehenen Laufganges vom Personal mit dem Necknamen «Gartenhägli» bedachten Maschinen standen immerhin bis tief ins zwanzigste Jahrhundert hinein in Betrieb. Eine modernere Art der «Amerikanerlokomotive» wurde 1862 erstmals in Esslingen für die Bahn Lausanne–Freiburg–Bern konstruiert. Sie besass vorn ein gespreiztes Drehgestell, zwischen dessen Achsen die Zylinder Platz fanden, während zwischen den beiden Triebachsen die Feuerbüchse untergebracht war. So entstand eine sehr ruhig laufende und betriebssichere Bauart, die jahrzehntelang in verschiedener Form nachgebaut wurde. Die LFB-Maschinen führten nach englischer Art den Wassertank in Sattelform über dem Kessel und hiessen deshalb beim Personal «Schildkröten» oder «coucous». Als ganz moderne Einrichtung war in diesem Satteltank die Kirchwegersche Speisewasservorwärmung durch Abdampf eingeführt. Der entspannte Dampf strömte vom Zylinder teilweise in den Wassertank, den er erwärmte. Durch ein kleines zweites Kamin zog er von dort ab; dieses nur in den allerersten Betriebsjahren der «coucous» bestehende Utensil ist auf unserem Bild gut zu sehen. Die aus dem Eröffnungsjahr 1862 oder unmittelbar danach stammende Photographie ist in Grandvaux oberhalb des Genfersees aufgenommen worden. Heute ist die dargestellte Linie die wichtigste Schnellzugsverbindung von der Westschweiz nach Bern und Zürich.

CRANDVAUX

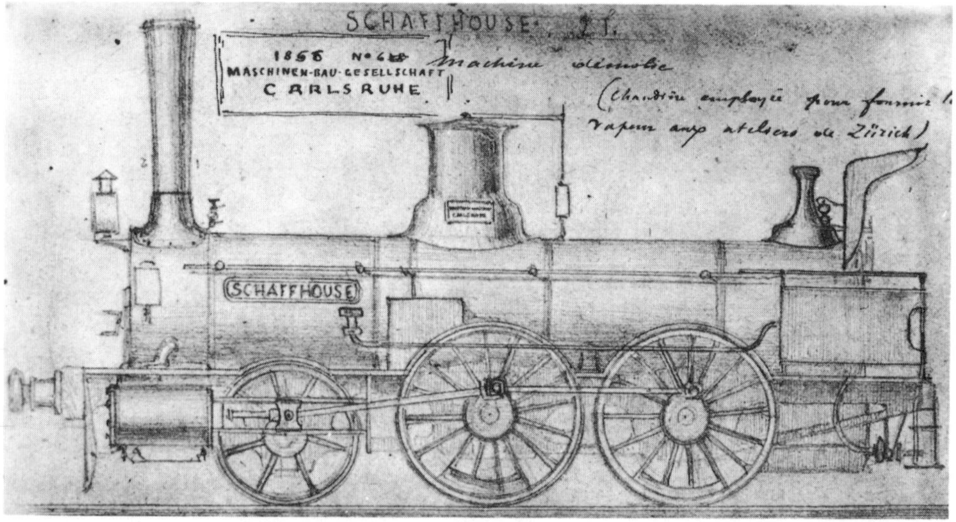

Neben den Engerth-Maschinen und den Amerikanerloks der Type 2′B kamen in der Schweiz auch die 1B-Lokomotiven des in England und Deutschland vielverwendeten Stephensonschen Longboilertyps vor, freilich vor allem in der Romandie. Gleich der «Ouest-Suisse» bezog im Jahr 1856 auch die Rheinfallbahn Winterthur–Schaffhausen, damals noch eine selbständige Gesellschaft, zwei Maschinen dieses Typs aus der Fabrik in Karlsruhe. Der Nordostbahn, welche die Linie bald aufkaufte, passten die andersartigen Fahrzeuge aber nicht ins Konzept, und so schieden sie bald aus dem Betrieb aus. Ein günstiger Zufall hat eine Typenzeichnung der in der NOB-Werkstätte Zürich bis 1873 verwendeten Lok Nr. 21, «Schaffhausen» (nicht «Schaffhouse»!), im Skizzenbuch des Mülhauser Lokomotivingenieurs Favre-Bourcard erhalten bleiben lassen, so dass wir sie hier reproduzieren können. Ursprünglich scheinen die Maschinen grosse konische Funkenfängerkamine getragen zu haben.

Einen späten Vertreter der steifachsigen Stephenson-Bauart zeigt das untere Bild auf dieser Seite. Aus derselben Karlsruher Fabrik, die schon die beiden Rheinfallmaschinen und zahlreiche 1B-Lokomotiven der Ouest-Suisse gebaut hatte, beschaffte sich die Verwaltung der Tessiner Talbahnen für die Strecken Biasca–Locarno und Lugano–Chiasso im Jahre 1874 vier Personenzugslokomotiven der 1B-Bauart. Eben ist Lok Nr. 21 in Chiasso angekommen und wird stolz vom ganzen Stab des Bahnhofs bewundert. Das ist begreiflich, denn die Maschine musste von Karlsruhe über München, Kufstein, Innsbruck, Brenner, Verona, Mailand, Como und schliesslich noch mit Ross und Wagen über den Hügel nach Chiasso transportiert werden (die italienische Strecke Como–Chiasso wurde erst 1876 eröffnet). Die kleine Lok Nr. 21 sah den Gotthard nie; sie war zu schwach für den Bergdienst.

Am Gotthard

Wenn von der Gotthardbahn als dem Rückgrat des schweizerischen Eisenbahnnetzes gesprochen wird, dann müssen zwei Tatsachen, die diesem Leitsatz einigermassen widersprechen, doch genannt sein. Einmal liegt die gesamte Westschweiz, bis gegen Bern hin, weitab von der Gotthardlinie und muss von ihr aus entweder über Olten oder über die steigungs- und kurvenreiche Strecke durchs Entlebuch und durchs obere Emmental erreicht werden. Zum zweiten hat sich die Ostschweiz seit jeher nicht so sehr auf den Gotthardpass als auf die Verbindungen von Chur über die Bündner Pässe nach Oberitalien ausgerichtet. Das ostschweizerische Bahnnetz der Vereinigten Schweizerbahnen erreichte von Zürich aus schon 1858/59 Chur und hätte sofort über den Splügen nach Chiavenna weitergeführt werden sollen, wenn den Planern nicht das Geld knapp gewesen wäre. Trotzdem von Basel aus die Leiter der Centralbahn nach dem Gotthard tendierten, wurde der Bau der Gotthardbahn erst dank dem Einsatz der Zürcher Finanzkreise um Alfred Escher in den siebziger Jahren möglich, und auch dies nur mit Hilfe der benachbarten ausländischen Staaten Deutschland und Italien, die als neugeschaffene Einheitsreiche nach einer Verbindung strebten. Die Gotthardbahn war weniger eine schweizerische Eisenbahn als eine internationale, ja sie war in Wirklichkeit die erste internationale Bahn Europas, obschon sie nach Semmering und Brenner keineswegs den Ruhm der ältesten grossen Alpenbahn beanspruchen durfte und trotzdem die auch schon zehn Jahre vor ihr erbaute Verbindung über den Mont-Cenis bereits einen Schienenweg zwischen zwei Staaten öffnete. Die Linie von Nordwest- nach Südeuropa ging durch den Gotthard.

Die Gotthardbahn hat den Verkehr 1882 aufgenommen, in einer Zeit des Geldmangels nach der grossen Wirtschaftskrise der siebziger Jahre. Deshalb war ihr Betrieb von Anfang an sparsam angelegt, die Linie einspurig, obwohl für die zweite Spur (die etwa zehn Jahre nach der Eröffnung gelegt wurde) bereits vorbereitet, der Lokomotivdienst noch bescheiden. Die zwei Lokomotivtypen, mit denen die Züge über den Berg befördert wurden, waren für ihre Aufgabe zwar geeignet, aber in ihren Abmessungen erstaunlich bescheiden. Esslingen lieferte eine Reihe dreigekuppelter Maschinen für den Personenzugsdienst, während Maffei zahlreiche Vierkupplerlokomotiven für die Beförderung der Güterzüge und für den Vorspann am Berg baute. Eine wirklich schwere sechsachsige Güterzug-Berglokomotive nach dem System Mallet kam erst 1890 in den Betrieb und erwies sich wegen ihres im Vergleich zur Zylinderleistung zu kleinen Kessels als Versager. Moderne, leistungsfähige Betriebsmittel für die Beförderung der Schnellzüge entstanden, nach zwei 1894 erbauten Prototypen, nicht vor 1897. So war die Gotthardbahn vom Betrieb und der Zugförderung her während langer Jahre keineswegs das, was unter einer «Weltbahn» zu verstehen ist; mühsam quälten sich die Züge mit dem obligaten Vorspann im Zwanzigkilometertempo über die Steigungen der Nord- und der noch längeren Südrampe zum Tunnel hinauf. Für die Reisenden bedeutete der Aufent-

halt in Göschenen mit der dazugehörenden Verpflegung im Zahnschen Bahnhofrestaurant einen Lichtblick im staubigtrüben stundenlangen Geratter durch Kurven und Kehrtunnel. Auch die vielgerühmten Galerie-Aussichtswagen trugen nicht viel zur Bequemlichkeit bei. Erstens waren sie alle zweiachsig, mit kurzem Radstand, konstruiert und holperten bei nur einigermassen rascher Fahrt unmässig, und zweitens liessen sich die mit zierlichen Geländern versehenen Aussichtsbalkone im Russstaub der Bergstrecke kaum für erbauliche Aussichtsaufenthalte benützen.

Zugegeben, die Bahnlinie über den Gotthard gehörte und gehört zu den schönsten Bahnstrecken der Welt und wurde mit ihren Viadukten, Kehrtunnels und nicht zuletzt dem damals weltlängsten Passtunnel als technisches Wunderwerk bestaunt.
Eigenartigerweise sind Betriebsbilder der Gotthardbahn aus dem ersten Jahrzehnt verhältnismässig selten. Die Bahnverwaltung warb eher mit Landschaftsdarstellungen als mit Photographien ihrer Züge und Lokomotiven. Und die Reisenden, die in den Wagen sassen, konnten im Qualm des Dampfbetriebes nur schwerlich gute Aufnahmen ihres fahrenden Zuges erhalten. So sei hier, gleichsam als Inbegriff des Dampfbetriebes am Gotthard, ein Bild der Strecke entlang dem Urnersee südlich von Brunnen wiedergegeben, das zwar aus der Zeit um 1912 stammt, aber dennoch trefflich zeigen kann, wie es damals am Gotthard aussah. Der lange Güterzug mit vorwiegend ausländischen Wagen wird bereits von einer C-4/5-Lok der Bundesbahnen geschleppt. Die SBB übernahmen die Gotthardbahn nach langwierigen internationalen Verhandlungen 1909 und mussten dem herrschenden Mangel an modernen Triebfahrzeugen sofort abhelfen. Zwar besassen sie damals erst einen einzigen Typ neuzeitlicher schwerer Güterzugslokomotiven, die für den Bergdienst geeignet waren, eben die in Vierzylinder-Verbund- und Zwillingsbauart beschafften C-4/5-Vierkupplermaschinen. Beide trugen das von Obermaschinenmeister Weyermann in Verbindung mit der Lokomotivfabrik Winterthur geprägte Gesicht mit schöngeschwungenem glockenförmigem Kamin, sauberer Kesselverkleidung aus unbemaltem Stahlblech und geräumigem Führerhaus. Erstmals war diese wohlproportionierte Erscheinung bei der ebenfalls von Weyermann für die Jura–Simplon-Bahn 1902 konstruierten Schnellzugslokomotive A 3/5 des Typs 700 aufgetreten, deren Güterzugsvariante die C 4/5 der Verbundbauart ja eigentlich darstellt.
Demgegenüber sahen die älteren Berglokomotiven der Gotthardbahn ausgesprochen deutsch aus, stammten sie doch auch zur grossen Mehrzahl aus deutschen Fabriken. Die dreiachsigen und noch mehr die vierachsigen Maschinen waren mit ihren schweren Triebwerken, den weiten Kaminen und den hohen Dampfdomen mehr nach Zweckmässigkeitsprinzipien als nach ästhetischen Grundsätzen erbaut. Alten Berichten zufolge soll aber der Betrieb mit ihnen sehr zuverlässig und fast störungsfrei gewesen sein. Das Verdienst dafür kommt einmal der einfachen, auf jedes komplizierte Beiwerk verzichtenden Bauart, dann aber auch dem offensichtlich ausgezeichneten Unterhalt in den Werkstätten und Depots von Bellinzona, Biasca und Erstfeld zu. Als Brennstoff wurden fast ausschliesslich hochwertige Briketts aus bester Steinkohle verwendet, und die Kessel wurden in achttägigen Abständen sorgfältig ausgewaschen und nachgesehen. Das Lokpersonal war vorzüglich geschult und in seiner Arbeit durch strenge Oberlokomotivführer kontrolliert; es pflegte die Maschinen trotz strengem Betrieb trefflich.

Einen Eindruck vom Schiebedienst auf der Gotthard-Nordrampe gibt das Bild links, das vor dem unteren Eingang des Leggistein-Kehrtunnels aufgenommen wurde. Es zeigt eine D-4/4-Bergmaschine hinter einem Güterzug. Wie angenehm die Fahrt durch die verqualmten Kehrtunnel für die Besatzung einer Schiebelokomotive gewesen sein muss, lässt sich nur ahnen. Der schwere Dienst trug dazu bei, dass der Menschenschlag der Lokführer und Heizer vom Gotthard sich unverwechselbar prägte, ähnlich wie etwa Steuerleute von Segelschiffen auf sturmgepeitschten Routen. Im Vergleich zum Dampfbetrieb stellt die elektrische Zugförderung doch sehr viel geringere körperliche Anforderungen an das Personal.
Besondere zusätzliche Ansprüche stellt seit jeher der Winter. Wenn Schnee fällt, wenn Lawinen drohen, dann wird der Bahnbetrieb am Gotthard auch heute noch, trotz aller Verbauungen und Räumungsmittel, zur Prüfung für Mensch und Maschine. Wie war das erst in der Frühzeit, als die Schneepflüge zum Teil noch mit Pferden geschleppt werden mussten und Schleudermaschinen – die berühmte dampfbetriebene «Rotary» kam erst 1896 in den Dienst – noch fehlten! Das Bild rechts zeigt einen Gotthard-Schneepflug samt D-4/4-Schiebelok auf der Nordrampe. Die Räumrotte hat sich malerisch gruppiert, um die Höhe des verarbeiteten Schnees zu demonstrieren. Die Eisenbahner tragen bereits SBB-Mützen, also stammt die Aufnahme aus der Zeit nach 1909. In ihrem Charakter weicht sie aber von einer Photographie, die zwischen 1882 und 1890 gemacht worden wäre, nicht ab. Die Lokomotive gehört, an ihrem schrägen Führerhausdach erkenntlich, dem ersten Maffeischen Baulos von 1882 an. Übrigens gehen die in der Schweiz etwa seit 1890 allgemein verwendeten Lokomotiv-Bahnräumer auf die GB zurück.

1897 wandelte sich das Gesicht der Gotthardschnellzüge von Grund auf. Neben neuen Winterthurer A-3/5-Verbundlokomotiven erschienen pompös ausgestattete vierachsige Durchgangswagen mit Faltenbälgen, und mit diesem modernen Rollmaterial konnten «Blitzzüge» ohne Fahrplanhalt zwischen Luzern und Bellinzona–Lugano durchgeführt werden. Der Ausdruck «Gotthardexpress» entstand und hatte volle Berechtigung, denn mit einem Mal war aus der bescheiden ausgerüsteten Bergbahn jene «Weltbahn» geworden, als die sie in die Geschichte eingegangen ist. Der Moment der Modernisierung war denkbar günstig gewählt: in Europa war die wirtschaftliche Dauerkrise einer blühenden Hochkonjunktur gewichen, die bis 1914 anhalten sollte. Der Geschäfts- und Ferienreiseverkehr wuchs, und mit ihm stiegen die Ansprüche der Reisenden an komfortable Fahrzeuge. In Deutschland hatte die Badische Staatsbahn, die sich in steter Konkurrenz zur preussischen linksrheinischen Route befand, bereits vierachsiges D-Zugmaterial in grösserer Zahl in Dienst genommen, und auch die Vierzylinder-2′C-Lokomotiven entstanden in Baden gleichzeitig wie die Prototypen der Gotthardbahn 1894. Die Gotthardlokomotiven zeigten indessen ein deutlich französisches Gepräge, wobei die de Glehnsche Bauart mit ihrem Zweiachsenantrieb freilich umgekehrt war, mit inneren Hochdruckzylindern und äusseren Niederdruckzylindern von grossem Durchmesser.

Unser Bild links zeigt einen aus dem Südausgang des grossen Gotthardtunnels bei Airolo herausbrausenden Expresszug mit A-3/5-Maschine und Vierachsmaterial. Im Unterschied zum markanten Nordportal bei Göschenen wirkt das Tunnelsüdportal weit weniger wuchtig. Es ist auch seltener abgebildet worden. Die Photographie rechts zeigt einen Güterzug an derselben Stelle mit der altbekannten D-4/4-Maschine, diesmal aus der Winterthurer Lieferung von 1895.

Anfangs des neuen Jahrhunderts war der Verkehr auf der Gotthardlinie so stark gewachsen, dass vor allem für den Vorspanndienst auf der Bergstrecke neue Lokomotiven gebaut werden mussten. Da lieferte Maffei 1906 acht schwere Vierzylinder-Verbundmaschinen der Achsfolge 1'D, die imstande waren, 180 Tonnen mit 40 km/Std. den Berg hinaufzuschleppen. Die Konstruktion des Münchner Meisters Anton Hammel bewährte sich vom ersten Moment an. Ihr gewaltiger, bei gedrängter Baulänge sehr dicker Kessel gab den Lokomotiven ein ungemein wuchtiges Aussehen, das nicht zuletzt im Vergleich zu den zierlich wirkenden A-3/5-Maschinen auffiel. Erstmals kam bei diesen Maschinen auch die Dampfüberhitzung zur Anwendung, zunächst noch durch das System Clench, später unter dem SBB-Regime dann nach Schmidt.
Nun konnten die Gotthardschnellzüge mit Vorspann ein Gewicht von 320 Tonnen, was acht schweren Vierachsern entsprach, besitzen. Die Doppelbespannung am Berg war dabei die Regel, auch vor leichteren Zügen. Das Donnern der beiden Maschinen in den engen Bergtälern muss unbeschreiblich gewesen sein, und wenn mehrere schwere Züge nacheinander sich den Berg hinaufarbeiteten, füllte sich das ganze Tal mit Qualm. Einen Abglanz des damaligen Dampfbetriebes in seiner höchsten Blüte gibt das Bild auf der rechten Seite, das einen Schnellzug mit allerdings nur sieben Wagen von zusammen etwa 270 Tonnen auf der Bergfahrt in den Kehrschlaufen der Biaschina oberhalb von Giornico zeigt. Die eigentliche Zugslokomotive ist eine A 3/5 der Bauart 1897, während eine Maffei-C-4/5 als Vorspann arbeitet. Das Rollmaterial setzt sich mit Ausnahme eines SBB-Dreiachsers aus lauter Vierachsern verschiedener Provenienz zusammen. Mit derartigen Schnellzügen wurde die Distanz Chiasso–Luzern in weniger als fünf Stunden

zurückgelegt, meist mit Lokomotivwechsel in Bellinzona und Vorspann von Biasca bis Airolo, allenfalls auch Lugano–Rivera.

Die Krönung des Dampfbetriebes am Gotthard bildeten im Schnellzugsdienst die acht noch kurz vor dem Übergang der GB an den Bund in Dienst genommenen A-3/5-Verbundlokomotiven der neuen Bauart. Mit ihren auf einer Ebene liegenden vier Zylindern, deren je ein Paar von einem einzigen mächtigen Schieber gesteuert wurde, und dem Einachsenantrieb nach von Borries entsprachen diese Maschinen, deren Konstrukteur wie bei den C-4/5-Loks Adolf Hammel bei Maffei war, fast völlig den ausgezeichneten bayerischen S-3/5-Loks. Für den Bergbetrieb war lediglich der Triebraddurchmesser geringer gewählt worden, und aus Scheu vor dem Schmidtschen Heissdampfsystem liess die Gotthardbahn Clench-Dampftrockner einbauen. Aber das äussere Gesicht der Gotthard-Triebfahrzeuge wandelte sich mit diesen Maschinen völlig von der französischen auf die süddeutsch-bayerische Art, besonders wenn vor den mit einer neuen A 3/5 geführten Schnellzügen noch eine Maffei-C-4/5-Vorspannmaschine arbeitete.
Man kommt um die Frage nicht herum, warum denn die Gotthardbahn nicht den Schritt zur sechsachsigen Pacific-Schnellzugsmaschine oder gar zur 2'D oder 2'D1' wagte. Einerseits trug an der geübten Zurückhaltung der beschränkte Durchmesser der Drehscheiben die Schuld, andernteils aber auch die Aussicht, den ganzen Betrieb zu elektrifizieren. Erwiesenermassen hat sich schon die Direktion der GB mit der Frage der Umstellung abgegeben, nachdem die Simplonbahn trotz ihres schwerfälligen Drehstrombetriebes durch den langen Tunnel den Erfolg der Elektrifikation erwies. Bei den Bundesbahnen, die 1909 den GB-Betrieb übernahmen, musste sich die Frage verschärft stellen, um so mehr, als der GB-Lokomotivpark vor allem für den Güterdienst arg veraltet und beschränkt anmutete.

18

Dennoch war es unumgänglich, für die Beförderung der Güterzüge am Berg leistungsfähigere Lokomotiven zu beschaffen. Die SBB taten dies, indem sie ihr vierzylindriges Verbundmodell C 4/5 mit einer fünften Triebachse und einem an Leistungsfähigkeit demjenigen der Gotthard-C-4/5 gleichen Kessel ausstatteten und so die bekannte und beliebte C 5/6 schufen. 1913 kamen die ersten fünf Lokomotiven dieses Typs am Gotthard in den Dienst; zwei von ihnen waren als einfache Vierzylindermaschinen ohne Verbundwirkung konzipiert, zeitigten aber keine Erfolge und wurden bald in Verbundloks umgebaut. Mit dem Verbundprinzip von vier Zylindern in gleicher Ebene, aber zwei angetriebenen Achsen, waren die Maffeischen Baugrundsätze von der Lokomotivfabrik Winterthur aufs beste ergänzt worden. Tatsächlich sind die C-5/6-Maschinen die einzigen Dampftriebfahrzeuge der Gotthardstrecke, die die Elektrifikation ihrer Stammlinie um mehrere Jahrzehnte überlebten. Auf dem ihnen ursprünglich zugedachten Arbeitsfeld haben sie infolge der Elektrifikation nur wenige Jahre verbracht. Das Bild auf Seite 27 zeigt eine C 5/6 vor einem bergwärts fahrenden Güterzug beim Amsteger Viadukt aus dem Tunnel herausstampfen. Die Aufnahme hat ein im Ersten Weltkrieg zur Brückenbewachung aufgebotener Soldat verbotenerweise heimlich gemacht, um seine Eisenbahn-Bildersammlung zu bereichern. Es gab also schon damals Amateure, die keine Schwierigkeiten scheuten, um die geliebte Eisenbahn abzukonterfeien. Nun, nachdem auch die Kärstelenbachbrücke bei Amsteg, in zwei Weltkriegen glücklicherweise unbeschädigt geblieben, einem moderneren Bauwerk gewichen ist, dürfte die Geheimhaltungspflicht für das etwa 1915 aufgenommene Bild wohl nicht mehr bestehen! Um so eindrücklicher wirkt die bei voll geöffnetem Regulatorhebel bergwärts schnaubende Lok, hinter der ein etwa 600 Tonnen wiegender Güterzug mit gleichartiger Zweitmaschine vermutet werden kann.

Auf Seite 28 ist, bereits unter dem elektrischen Fahrdraht anfangs der zwanziger Jahre aufgenommen, eine C 5/6 nach der Ankunft in Biasca vor einem talfahrenden Güterzug zu sehen. Im Gegensatz zu den Personenzügen wurden damals die Güterzüge meist noch von Hand gebremst, da die durchgehende Güterzugs-Luftbremse noch nicht allgemein im Betrieb war. Proben mit der Knorr- und der Drolshammer-Luftdruckbremse wurden damals aber am Gotthard vorgenommen, und anlässlich einer solchen Probefahrt mit französischem Wagenmaterial wurde dieses Bild geknipst. Ob es aber trotz (oder vielleicht wegen?) der Bremsprobe einen Heissläufer an der Lok abgesetzt hat, muss fast vermutet werden; jedenfalls sieht das Lager der vierten Kuppelachse beinahe danach aus. Die bei den SBB-Maschinen eingeführte Nadelschmierung der Achs- und Stangenlager vermochte das Auftreten von Heisslaufschäden bei starker Beanspruchung nicht zu verhindern, und für den Einbau von Rollenlagern war die Zeit noch längst nicht reif. Die C 5/6 markiert, wie Alfred Moser in seinem Lokomotivbuch so treffend ausgedrückt hat, den würdigen Abschluss des Dampfbetriebes der schweizerischen Eisenbahnen. Sie ist für viele Begeisterte, die sie noch kannten, die Gotthard-Dampflokomotive schlechthin geblieben, und es kann dankbar festgestellt werden, dass mehrere Exemplare des Typs, eines sogar voll betriebsfähig, als Zeugen einer stolzen Vergangenheit erhalten geblieben sind.

Während der Gotthardverkehr wuchs, konnten indessen auch die Zufahrtsbahnen nicht bei ihren alten Betriebsmitteln stehenbleiben. Vor allem die Centralbahn, die den direkten Zubringerverkehr von Basel über

Luzern und Muri–Rotkreuz zu bedienen hatte, wurde von einem mächtigen Leistungsaufschwung erfasst, der sie zur Anschaffung stärkerer Lokomotiven nötigte. Starke Mogulmaschinen für den Personenverkehr und leistungsfähige vierachsige Malletlokomotiven B'B für den Güterdienst entstanden, wobei der kurzen Streckenlänge wegen die Tender klein blieben oder ganz wegfielen. Erst die 1897 in Betrieb gekommene, auf ein badisches Vorbild und zugleich auf die seit 1891 verwendete B'B-Mallet-Tendermaschine zurückgehende Güterzugslok der Reihe D 2×2/2 besass einen dreiachsigen Schlepptender. Sie ist auf nebenstehendem Bild im Depot Rotkreuz an der Verbindungsstelle der aargauischen Südbahnlinie zur Gotthardbahn dargestellt. Hinter ihr befindet sich eine Mogulmaschine des Typs B 3/4 1600, die auf den Entwurf der Jura–Simplon-Bahn zurückgeht, aber nach der Verstaatlichung bald in der ganzen Schweiz heimisch wurde.

Das untere Bild dieser Seite zeigt eine 1891 beschaffte starke Güterzugslokomotive der Nordostbahn, des von Zürich herkommenden anderen Hauptzubringers der Gotthardbahn. Das waren tüchtige, wenn auch etwas schwerfällige Fahrzeuge, die vom Personal den Namen «Muni» erhielten. Die Zeichnung unseres Bildes hat kein Geringerer als der grosse Lokomotivkonstrukteur Adolf H. Wolff, der Schöpfer der deutschen Weltrekord-Lokomotiven 05, als Neunundzwanzigjähriger angefertigt, vielleicht noch nach der Natur, denn die 1919 ausrangierte Lok Nr. 364 der NOB, später Nr. 3404 der SBB, stand vor dem Abbruch in der Werkstätte oder auf irgendeinem Abstellgleis noch während geraumer Zeit herum. Jene Jahre aber bilden die Zeitenwende für die Zugförderung der schweizerischen Eisenbahnen. Damals hat sich das Todesurteil am Dampfbetrieb vollzogen.

Elektrisch durch den Simplon

Die schweizerischen Eisenbahnen sind nicht durch den Dampfbetrieb weltbekannt geworden, obwohl dieser in dem bergigen Gelände – keine einzige schweizerische Hauptbahnlinie weist Steigungen unter 10 oder 12 Promille auf – mannigfache Probleme zu bewältigen hatte. Das Besondere am Bahnsystem der Schweiz ist vielmehr seine frühe Elektrifikation. Dabei stellen keineswegs nur die Wechselstrombahnen Pionierleistungen dar, sondern nicht weniger auch einige Drehstrom- und Gleichstromlinien, wobei der elektrische Betrieb sich gerade in der Frühzeit völlig auf die Forschungs- und Entwicklungsarbeit in den grossen Firmen der Elektrowirtschaft abstützte. Von den beiden grössten Unternehmungen dieser Branche in der Schweiz wandte sich die Maschinenfabrik Oerlikon anfänglich vor allem dem Einphasen-Wechselstrom zu, Brown Boveri in Baden dagegen dem Drehstrom.

Drehstrom, also dreiphasiger Wechselstrom, wird normalerweise von den Elektrizitätswerken für den Betrieb von Industriemotoren erzeugt. Als der Simplontunnel gebaut wurde, entstand im Oberwallis ein kleines Elektrizitätswerk, das den Strom für die Pumpen und Kompressoren des Baubetriebes liefern musste. An Bahnstrom dachte dabei noch niemand. Unabhängig voneinander hatten sich, neben Siemens in Berlin, Brown Boveri in der Schweiz und die Firma Ganz in Budapest mit der Frage befasst, ob nicht gerade Drehstrom für Bahnelektrifikationen am besten geeignet sei, nachdem feststand, dass mit niedriggespanntem Gleichstrom (und Gleichstrommotoren für höhere Spannungen als 1200 Volt gab es damals noch nicht) nur engbegrenzte Netze wirtschaftlich zu betreiben waren. In Ungarn schuf Ganz 1896 die erste grössere Dreiphasenlokomotive und setzte sie auf einer Probestrecke in Betrieb. In der Schweiz entstand dank Brown Boveri 1899 die erste elektrische Vollbahn, die einen regelmässigen und störungsfreien Dienst gewährte: die Normalspurlinie Burgdorf–Thun. Die beiden ersten Lokomotiven dieser Bahn, kleine B-Maschinchen von 150 PS, die Züge von 100 Tonnen mit 32 km/Std. befördern konnten, sind zum Glück erhalten geblieben, die eine im Deutschen Museum in München und die zweite im Verkehrshaus der Schweiz in Luzern. Unser Bild zeigt Lok De 2/2 Nr. 2 der BTB 1946 in Gerlafingen abgestellt, bevor sie zum Museumsstück aufgeputzt nach Luzern rollen konnte.

Am Simplon entwickelte sich die Lage kurz vor der Betriebseröffnung dramatisch. Die lange einspurige Röhre des ersten Tunnels mit ihren fast 20 km Länge liess befürchten, dass der Dampfbetrieb mangels genügend starker Ventilation zu unhaltbaren Verqualmungen führen müsse. Die von den Tunnelerbauern gehegte Ansicht, es genüge, durch den Luftkanal der zweiten, noch unausgebauten Tunnelröhre Frischluft zuzuführen, erwies sich als trügerisch. Da kam die grosse Stunde von Brown Boveri. Die Badener Firma hatte nach ihrem Erfolg von Burgdorf–Thun den Auftrag erhalten, zwei Lokomotiven für die 1903 von Ganz nach dem Drehstromsystem mit 3000 Volt und 15 Perioden/Sek. elektrifizierte italienische Veltlinbahn Lecco–Colico–Chiavenna/Sondrio zu bauen. Die 1905 gebildeten italienischen Staatsbahnen, denen die Veltliner Strecke gehörte, waren auch Teilhaber der internationalen Simplonbahn. Sie willigten ein, für einen elektrischen Probebetrieb durch den Simplontunnel nicht nur die beiden bei Brown Boveri in der Herstellung befindlichen Maschinen, sondern auch drei bereits 1903 bei Ganz in Budapest in Auftrag gegebene ähnliche Lokomotiven zur Verfügung zu stellen. Die Bundesbahnen, als Nachfolgeunternehmen der früheren Jura–Simplon-Bahn, betriebsführende Verwaltung der Simplonstrecke, zeigten sich ihrerseits bereit, der Firma Brown Boveri die Elektrifikation der Tunnelverbindung Brig–Iselle auf deren eigene Kosten und eigenes Risiko zu gestatten, mit der Aussicht, Anlagen und Triebfahrzeuge im Fall der Bewährung später zu erwerben. Der entsprechende Vertrag datiert vom 19. Dezember 1905, und in dem guten halben Jahr, das bis zur vorgesehenen Eröffnung der Tunnelbahn verblieb, mussten Fahrleitungen, Stromversorgung und Triebfahrzeuge bereitgestellt werden. Die elektrische Kraftzentrale Massaboden war, wie bereits erwähnt, vorhanden. Die Fahrleitungen mit ihren komplizierten Doppeldrahtführungen mussten sowohl im Tunnel als in den Bahnhöfen Brig und Iselle mitsamt allen Weichenverbindungen und Nebengleisen geplant, gezeichnet, konstruiert und verlegt werden. Dank der tatkräftigen Hilfe der Bundesbahn-Dienststellen gelang das Wagnis. Das heisst, als der Tag der feierlichen Eröffnung nahte, zu der neben dem schweizerischen Bundespräsidenten Forrer auch der italienische König Vittorio Emanuele II. geladen war, fuhren die Lokomotiven nicht. Mit viel Glück und Geschick gelang es, wenigstens eine der Maschinen vor dem Festzug in Gang zu setzen, aber das offizielle Bild des «ersten elektrischen Zuges, der durch den Simplon fuhr», zeigte eine noch höchst unvollständige Fb 3/5 Nr. 365 mit mühsam durch Drähte am Umlaufgeländer festgebundenen, offensichtlich infolge eines «Bügelsalats» beschädigten Stromabnehmern.

A propos «Fb 3/5»: Als Klassenbezeichnung der neuen elektrischen Hauptbahnlokomotiven wurde damals im Anschluss an die für Dampflokomotiven geltenden Buchstaben A bis E einheitlich die Letter F gesetzt, mit der in Kleinbuchstaben (ähnlich wie bei den Dampf-Tendermaschinen) dahinter angegebenen Geschwindigkeitsnorm und der gewohnten Bruchzahl für das Achsverhältnis. Die Fb 3/5 war also eine elektrische Lok mit drei Triebachsen und fünf Achsen im gesamten (Achsfolge 1'C 1'), die mit einer nicht über 75 km/Std. gehenden Geschwindigkeit fahren konnte. Die von Brown Boveri konstruierten Maschinen Nr. 364 und 365 leisteten etwa 1200 PS bei der Höchstgeschwindigkeit von 70 km/Std. Die schon 1903 durch Ganz erbauten artgleichen Loks Nr. 361 bis 363 der Veltlinerbahn, die ebenfalls am Simplon in den Verkehr gesetzt wurden, erreichten 1000 PS bei ganz ähnlicher technischer Charakteristik. Das

Bild auf Seite 33 zeigt eine Ganz-Maschine der F.S. ganz am Anfang der Simplon-Betriebszeit in Brig. Sie besass damals noch die im Veltlin eingebauten Rollenstromabnehmer und italienische Petrol-Stirnlaternen. Interessant ist der dahinterstehende Zug aus Jura-Simplon-Material. Beide Lokomotivtypen besassen je zwei Elektromotoren, die in zwei feste Geschwindigkeitsstufen von 35 km/Std. (mit 8 Polen) und 70 km/Std. (mit 16 Polen) geschaltet werden konnten. Die Motorkraft wurde mit Zahnradvorgelegen auf Blindwellen und von dort mit dem erstmals zur Anwendung gelangten Kandó-Dreiecksrahmen auf die Achsen übertragen. Der Kandó-Rahmen, eine Konstruktion des Budapester Chefingenieurs, hat nachher bei elektrischen Stangenlokomotiven aller Systeme starke Verbreitung gefunden; er ermöglicht es, die durch das Federspiel entstehenden senkrechten Differenzen zwischen Motor und Rad auszugleichen. Von Brown Boveri an den Simplonloks 364 und 365 eingebaut und später auf die Kandó-Maschinen übertragen waren die doppelpoligen Stromabnehmer mit ihren beweglichen Wippen. Sie zeigten sich den Rollenbügeln von Ganz bald überlegen und wurden von den italienischen Staatsbahnen zur Norm für sämtliche Drehstromlokomotiven erklärt. Überhaupt sind die Simplonlokomotiven in mancher Hinsicht das konstruktive Vorbild der zahlreichen Drehstrom-Triebfahrzeuge geworden, welche die F.S. für die Elektrifikation ihres Netzes zwischen 1912 und 1932 in Betrieb nahm.

Die Drehstromelektrifikation hat sich in der Frühzeit des elektrischen Bahnbetriebes als verhältnismässig sicher und wirtschaftlich erwiesen. Die leichten, kommutatorlosen Motoren verursachten auffallend wenig Störungen. Was später bei den ersten grossen Wechselstrombahnen zur Tagesordnung der Frühzeit gehörte, der Ausfall von Triebfahrzeugen infolge von Kommutatorschäden und Kurzschlüssen, das trat am Simplon, bei der Burgdorf–Thun-Bahn und auf dem italienischen Drehstromnetz selten auf. Für Bergstrecken war zudem die ganz einfache Lösbarkeit der elektrischen Bremsung mit Stromrückgewinnung von Vorteil. Eigenartigerweise wurde diese Möglichkeit am Simplon überhaupt nicht genutzt, indem die eigentliche Bergstrecke Iselle–Domodossola mit ihren 25 Promille und zahlreichen Lehnen- und Kehrtunnels von SBB-Dampflokomotiven bedient wurde, was einen Traktionswechsel in der engen Station Iselle verursachte.

Die Bilder auf Seite 34 zeigen oben eine Ganz-Lokomotive, die Nummer 362, in Brig, bereits mit BBC-Bügeln und SBB-Signallaternen ausgerüstet, und unten die BBC-Maschine 364 vor der Betriebsaufnahme, noch ohne montierte Stromabnehmer. Diese Lokomotive wurde übrigens nach der Betriebsumstellung 1930 von Brown Boveri zurückgekauft, um für Versuche mit der Umformung hochgespannten Industriewechselstroms im Bahnbetrieb zu dienen.

Nebenstehend ist auf dem oberen Bild die unfertige BBC-Lok 365 vor dem «Eröffnungszug» zu erblicken, darunter die gleiche Maschine zwei Jahre später im vollen Betrieb in Brig. Da alle Simplonmaschinen bis 1908 offiziell den F.S. gehörten, blieben die italienischen Betriebsnummern bestehen. Auf den 1. Juni 1908 kauften die SBB angesichts der offensichtlichen Bewährung des Drehstrombetriebes alle Anlagen der Simplonelektrifikation mitsamt den Lokomotiven Nr. 364 und 365 von Brown Boveri an. Die Ganz-Maschinen 361–363 gingen an die Veltlinerlinie der F.S. zurück. Nach wie vor behielten aber die SBB-Simplon-Triebfahrzeuge die italienische Numerierung, bloss mit SBB-Ziffern!

Fêtes d'Inauguration du Tunnel du Simplon

2246 Brigue. La Gare. L'Express du Simplon

2033. Brigue. Entrée du tunnel du Simplon.

Nun war es aber schnellstens nötig, weitere Lokomotiven anzuschaffen und deren Leistung gegenüber den 1'C-1'-Loks zu verstärken. Bei BBC entstanden 1908 zwei Drehstromlokomotiven der Achsfolge D mit Aussenrahmen, deren Kraftübertragung von zwei Motoren, ähnlich wie diejenige der früheren Maschinen, mittels eines Kuppelrahmens gewährleistet wurde, wobei die beiden äusseren Achsen starke Seitenbeweglichkeit besassen. Die Leistung dieser Loks Nr. 366 und 367 belief sich auf rund 1700 PS, die Betriebsgeschwindigkeit liess sich durch doppelte Polschaltung auf 26, 35, 52 und 70 km/Std. einstellen. Da die Motoren gleich schnell drehten wie die Achsen, entfiel das Zahnradvorgelege.

Die drei Bilder dieser Doppelseite stellen die Loks 366 und 367 im Betrieb dar. Schön ist die elegante, für höhere Windgeschwindigkeiten wohl allzu leichte Konstruktion der Fahrleitungsjoche. Wegen der kurzen Distanz von wenig mehr als 20 km, die vom einen Ende der elektrifizierten Simplonstrecke zum andern zurückzulegen war, konnte der Fahrdraht-Querschnitt gering bleiben. 1919 änderte sich freilich die Situation. Im Zeichen der durch den Krieg entstandenen Kohlennot beschlossen die SBB, den Drehstrombetrieb auf die 53 km lange Anschlussstrecke Brig–Sitten auszudehnen. Dafür wurden die beiden Lokomotiven Nr. 368 und 369 angeschafft, mit den genau gleichen Charakteristiken wie die Vorgängerinnen 366 und 367. Die sechs mit 70 km/Std. verkehrenden Maschinen der Bauarten 1'C 1' und D beförderten alle Personen- und Schnellzüge der Simplonlinie von Sion nach dem fast 74 km entfernten Iselle und zurück, bis sie 1927 zwischen Brig und Sitten und 1930 auch im Tunnel durch Einphasenstrom-Einheitsloks der SBB abgelöst wurden. Leider ist keine der formschönen Drehstrommaschinen erhalten geblieben.

371

Eine ganz andere Konstruktion als die vorgenannten zeigt die Photographie auf Seite 38. 1914 baute Brown Boveri eine Drehstrom-Güterzuglokomotive der Bauart 1'D 1' für die Simplonstrecke auf eigene Veranlassung, ohne Auftrag seitens der SBB, und stellte sie an der Landesausstellung in Bern aus. Die Maschine wies zwei grosse hochliegende Motoren auf und verfügte über die sehr beträchtliche Stundenleistung von 2800 PS. Im Gegensatz zu den bisher in Dienst genommenen Simplonlokomotiven hatte sie einen vorn zugespitzten Kasten über die ganze Baulänge erhalten; die Anfahrwiderstände waren auf dem Dach angeordnet. Nach dem Abschluss der Berner Ausstellung übernahmen die SBB die Lok und stellten sie 1915 in den regelmässigen Güterzugsdienst. Dem Vernehmen nach sollen ihre Laufeigenschaften weit weniger gut gewesen sein als diejenigen der älteren Lokomotiven. Schüttelschwingungen, die vom Schrägstangenantrieb der beiden Motoren auf einen Kandó-Rahmen zwischen den beiden mittleren Kuppelachsen herrührten, machten sich ähnlich wie bei den badischen 1'C-1'-Loks der Wiesentalbahn unliebsam bemerkbar. Die mit vier Geschwindigkeitsstufen von 22,5, 32,5, 45 und 65 km/Std. laufende Lokomotive wurde nach 1927 wenig mehr gebraucht und wäre wohl bald abgebrochen worden, hätte nicht der Traktionswandel ohnehin die Ausrangierung herbeigeführt. Das Bild auf Seite 39 oben zeigt sie aus der 1921 eröffneten zweiten Spur des Simplontunnels gegen Brig herausfahren. Ihre Betriebsnummer war 371; wie die übrigen Simplonlokomotiven gehörte sie zum Kreis I der SBB, was bis 1922 durch eine kleine runde Tafel oben seitlich des Führerstandes vermerkt war. Es wäre ungerecht, würde nicht an dieser Stelle der Drehstrombetrieb auf anderen Schweizer Bahnen, wie er sich zum Teil bis in die Gegenwart erhalten hat,

noch gewürdigt werden. Zumal auf Bergstrecken mit Zahnradantrieb, wo die beschränkt regulierbare Geschwindigkeit weniger störend in Erscheinung trat als auf Vollbahnen, wogegen die leichte Anwendung der Rekuperationsbremse wirtschaftliche Vorteile verhiess, liess sich das Drehstromsystem mit höherer oder niederer Spannung vorzüglich anwenden. Schon früh entstanden in der Schweiz die Bergbahnen auf den Gornergrat (1898), aufs Jungfraujoch (ab 1898) und von Brunnen auf den Axenstein (1905) nebst der Überland- und Zahnradbahn Stansstad–Stans–Engelberg (1898), von denen die beiden erstgenannten noch heute mit Drehstrom arbeiten. In neuer Zeit ist auch die frühere Seilbahn St. Gallen–Mühlegg zur Drehstrombahn umgebaut worden.

Die Hauptbahnen freilich haben den Drehstrombetrieb alle aufgegeben. Angesichts der durchgehenden Elektrifizierung der SBB mit Einphasen-Wechselstrom war das Bestehen eines anderen elektrischen Traktionssystems vor allem auf den Anschlussbahnhöfen nahezu unhaltbar geworden. Zudem verschlang der Unterhalt der doppelpoligen Fahrleitungen mit ihren komplizierten Weichenverbindungen viel Geld. Endlich konnte die nur in wenigen Stufen regelbare Fahrgeschwindigkeit der Drehstromlokomotiven nicht voll befriedigen, so dass in der Schweiz schon dreissig Jahre früher als in Italien die Umstellung der Drehstrom- in Wechselstromlinien vorgenommen wurde. In der Kohlenknappheit des Ersten Weltkrieges war man freilich um jede elektrifizierte Bahn froh, sei sie nun mit Wechselstrom, Gleichstrom oder Drehstrom betrieben gewesen. So erlebte damals auch die Burgdorf–Thun-Bahn einen mächtigen Aufschwung. Während die Dampfzüge der SBB immer seltener und schliesslich an Sonntagen überhaupt nicht mehr verkehrten, fuhren die altmodischen Maschinchen der BTB zusammen mit einigen holprigen vierachsigen Motorwagen tüchtig hin und her. 1919 spannte sich der Drehstrom-Fahrdraht von Hasle-Rüegsau über dem Gleis der Emmentalbahn bis hinauf nach Langnau. Nun war es nötig, den Rollmaterialpark zu vermehren. Neben zwei eigenartigen Triebwagen, die ähnlich den späteren «Halbeseln» der BLS aus einem kleinen Lokomotivteil und darangehängtem kurzgekuppeltem Personenwagen bestanden, kamen auch die beiden schönen Drehgestellmaschinen 3 und 4 in den Dienst, von denen das nebenstehende Bild die Nummer 3 in Konolfingen vor einem Güterzug mit Personenbeförderung zeigt. Das müssen vorzügliche und sehr betriebssichere Lokomotiven gewesen sein, die in ihrem Aufbau grosse Ähnlichkeit mit zwei ebenfalls von Brown Boveri konstruierten Güterzuglokomotiven der Strecke Reichenhall-Berchtesgaden der Bayerischen Staatsbahn besassen. Die Stromspannung betrug auf der BTB seit 1898 nur 750 Volt, mit 40 Perioden/Sek.

Als die SBB sich anschickten, die Strecke Bern–Luzern über Konolfingen–Langnau mit Einphasenstrom zu elektrifizieren, musste die Verwaltung der Emmentalbahn/Burgdorf–Thun-Bahn ebenfalls an die Umstellung ihrer Linien gehen. 1932 war es aus mit dem Drehstrombetrieb im hablichen Berner Hinterland. Die Motorwagen lebten noch mehr als vierzig Jahre als Steuerwagen für Einphasen-Pendelzüge weiter; die B′-B′-Lokomotiven wurden abgebrochen.

Das Seebacher Marianneli

Ganz andere Wege als Brown Boveri mit dem Drehstrom beschritt in Zürich die Maschinenfabrik Oerlikon. Mit Emil Huber-Stockar und seinem hervorragenden Ingenieur Hans Behn-Eschenburg waren in diesem Werk zwei Männer an der Spitze, die den Weg zur umfassenden Bahnelektrifikation mit hochgespanntem Einphasen-Wechselstrom öffneten. Die beiden Fachleute waren der Ansicht, dass der elektrische Betrieb von Vollbahnen mit starkem Verkehr über längere Strecken auf die Dauer nur mit einpoligen Fahrleitungen vor sich gehen könne, wobei die Stromspannung, um Verluste zu vermeiden und die Zahl der Unterwerke so gering wie möglich zu halten, auf zehntausend Volt und mehr erhöht werden müsse. Beim damaligen Stand der Technik führte diese Forderung zur Wahl des Einphasen-Wechselstroms, und zwar notfalls auch mit Umformung des Traktionsstroms, solange geeignete Einphasenmotoren nicht zur Verfügung standen.

Dank einem 1902 erzielten Abkommen der Maschinenfabrik Oerlikon mit der Generaldirektion der Schweizerischen Bundesbahnen konnte die wenig befahrene ehemalige Nationalbahnstrecke Seebach–Wettingen für praktische Versuche eingerichtet werden. Das Oerlikoner Werk baute zusammen mit der SLM Winterthur eine erste Versuchslokomotive, die den Traktionsstrom von 15000 Volt und 50 Perioden/Sek. durch Umformung als Gleichstrom von 700 Volt verwendete. Im Prinzip entsprach dieser Antrieb durchaus demjenigen, der dreissig Jahre später für die ersten Industriestrom-Elloks der Höllentalbahn und nochmals zwanzig Jahre nachher für ganz moderne Triebfahrzeuge in Frankreich, England und anderswo verwendet worden ist. Die beiden Motoren von je 200 PS waren in den Drehgestellen hochgelagert und trieben die Achsen über umgekehrte Kandó-Dreieckstangen an. Die Umformungseinrichtung, für die ja noch keine Gleichrichter zur Verfügung standen, scheint anfänglich Mühe bereitet zu haben. Die Maschine lief aber schon 1903 auf einer kurzen Versuchsstrecke im Fabrikgelände von Oerlikon und dann 1904 auf dem Verbindungsgleis von der Fabrik zur Station Seebach. Am 16. Januar 1905 begannen die Fahrten auf der SBB-Strecke von Seebach nach Affoltern.

Hans Behn-Eschenburg aber hatte inzwischen seine grosse Erfindung des Einphasen-Reihenschlussmotors gemacht und im Februar 1904 patentieren lassen. Dieser Motor erwies sich den von Brown Boveri geschaffenen Dérimotoren mit mechanischer Phasenverschiebung und auch den von dem deutsch-österreichischen Team Winter-Eichberg konstruierten und erprobten Maschinen als weit überlegen; er ist in der Folge sozusagen in sämtliche dauerhaften Einphasen-Vollbahnlokomotiven der ganzen Welt eingebaut worden. In der Maschinenfabrik Oerlikon entstand sogleich eine neue elektrische Lokomotive, die, bei gleicher mechanischer Konstruktion wie die Seebacher Lok 1, mit zwei Behn-Eschenburgschen Motoren ausgerüstet wurde. Das war die als «Marianneli von Seebach» bekannt gewordene erste moderne Ellok der Welt, die glücklicherweise im Luzerner Verkehrshaus heute noch erhalten ist.

«Marianneli» kam am 11. November 1905 auf der Strecke Seebach-Affoltern in den Probebetrieb, der sofort befriedigte. Das obenstehende Bild zeigt sie an einem der ersten Betriebstage bei Affoltern auf der Strecke, die damals noch übers freie Feld führte, heute aber im Häusermeer der ausgedehnten Stadt Zürich verschwindet. Interessant ist die Fahrleitung, die ebenfalls von Oerlikon entworfen wurde.
Einen einzigen Nachteil besass der Reihenschlussmotor: er liess nur Ströme niedriger Periodenzahl zu. Die direkte Verwendung des normalerweise von den Kraftwerken gelieferten Stroms von 50 Perioden/Sek. war bei seiner Verwendung unmöglich, und das hiess, dass für Wechselstrombahnen eine eigene, vom allgemeinen Landesnetz unabhängige Stromversorgung zu schaffen war. Es galt also, besondere Kraftwerke für den Bahnstrom zu bauen.
Die Schwierigkeit der Stromversorgung aus dem allgemeinen Netz, aber auch die Unwirtschaftlichkeit des beschränkten elektrischen Betriebes auf der Nebenbahn Seebach–Wettingen hat die SBB dazu geführt, die von Oerlikon auf eigenes Risiko durchgeführte Elektrifikation nicht zu übernehmen. Im Sommer 1909 wurde der elektrische Betrieb der Versuchsbahn ein-

gestellt; die Anlagen wurden abgebrochen, wogegen die Lokomotiven remisiert erhalten blieben. Als 1919 die SBB daran gingen, die Strecke Bern–Thun und danach auch die ganze Gotthardbahn zu elektrifizieren, kamen die beiden Seebacher Maschinchen zu neuen Ehren. Sie wurden zunächst mit den Nummern Ce 4/4 13501 und 13502 im Güterzugsdienst eingesetzt, wo sie allerdings wegen ihrer geringen Leistungsfähigkeit nicht allzu tauglich gewesen sein mögen. Danach verwendeten sie die Bundesbahnen als Rangierlokomotiven auf der Gotthardstrecke. Ein Versuch, «Marianneli» 1922 auf die neu verstaatlichte Seetalbahn zu versetzen, scheiterte von neuem wegen der zu geringen Leistungsfähigkeit. Als aber 1938 die Sensetalbahn Flamatt–Gümmenen elektrifiziert wurde, übernahm diese kleine Verwaltung das Seebacher Marianneli als Güterzugs- und Reservemaschine und betrieb es mehr als zwanzig Jahre lang mit grösstem Erfolg. Der Schreibende hat in den vierziger Jahren mehrere Fahrten auf dem Führerstand der historischen Lokomotive ausführen können und sich persönlich vom ruhigen, störungsfreien Gang der nach wie vor funktionierenden ersten Reihenschlussmotoren der Welt überzeugt. Unser Bild zeigt das auch äusserlich ansprechende «Marianneli» 1944 in Laupen im Einsatz. Mit seinen 500 PS zog es anstandslos Züge von 200 Tonnen über die immerhin steigungsreiche Nebenbahn. Eine Fremdventilation bestand nicht; die Motoren lagen offen im Maschinenraum, der als Brücke über die beiden Drehgestelle gebaut war. Zwischen den Drehgestellen befand sich der luftgekühlte Transformator in der Mitte der Lokomotive, was eine gute Gewichtsverteilung ergab. Die beiden Führerstände mit ihren Direktkontrollern liessen eine leichte Bedienung der Motoren zu, die den von 15000 Volt/15 Perioden/Sek. auf 500 Volt heruntertransformierten Einphasenstrom verarbeiteten. Alles war so einfach wie nur möglich eingerichtet; dies ergab aber bei den unkomplizierten Nebenbahnverhältnissen der Sensetalbahn einen störungsfreien Betrieb.

Die erste Seebacher Lokomotive, wegen ihrer unsymmetrischen Form «Glettyse» geheissen, erfuhr bald nach der Inbetriebnahme des «Marianneli» einen Umbau zur reinen Einphasenmaschine. Sie ist ebenfalls noch erhalten und befindet sich im Verkehrshaus Luzern. Nachdem sie die Bundesbahnen 1932 an die Bodensee–Toggenburg-Bahn verkauft hatten, diente sie jahrelang in Herisau und Haggen als Rangierfahr-

zeug. Das Bild auf dieser Seite zeigt sie 1907 in Otelfingen, noch auf der angestammten Linie Seebach–Wettingen.
Die Seebacher Proben führten 1907 zu einer interessanten Zusammenarbeit mit dem Grossunternehmen Siemens in Berlin, das in Oranienburg eigene Versuche mit der Wechselstromtraktion durchführte und sich anschickte, die Hamburger Stadtbahn Ohlsdorf–Blankenese nach dem Einphasensystem zu elektrifizieren. Nachdem bereits 1906 von der MFO der elektrische Betrieb von Affoltern bis Regensdorf ausgedehnt worden war, baute Siemens nun die Fahrleitung bis Wettingen aus, so dass vom 1. Dezember 1907 an alle fahrplanmässigen Züge von Seebach bis Wettingen elektrisch geführt werden konnten. Von Siemens wurde auch das Triebfahrzeug Nr. 3, eine sechsachsige Maschine mit Winter-Eichberg-Motoren und Einzelachsantrieb, erstellt, das sich, alten Berichten zufolge, durchaus bewährt haben soll. Das untere Bild auf dieser Seite stellt die Lok 1908 im Bahnhof Wettingen dar. Deutlich sichtbar ist die neuere Fahrleitung, die den Strom an zwei Scherenbügel abgab. Auch auf die MFO-Lokomotiven 1 und 2 wurden Siemensbügel aufgebaut, doch blieb die alte Seitenfahrleitung von Regensdorf bis Seebach noch bestehen.
Nach dem Ende des elektrischen Zugsbetriebes zwischen Seebach und Wettingen nahm Siemens die Lok Nr. 3 nach Deutschland zurück und verwendete sie, auf Gleichstrom umgebaut und mit nur noch vier Achsen, bis in den Zweiten Weltkrieg hinein für den betriebseigenen Verschiebedienst im Berliner Werk.
In der Schweiz trat nach 1909, auch wenn die Bundesbahnen sich zunächst von der Einphasenelektrifikation abwandten, keine Zäsur in der technischen Entwicklung ein. Bereits 1908 hatte die neu gegründete

Berner Alpenbahn-Gesellschaft, die den Bau einer internationalen Transitlinie über den Lötschberg vorbereitete, den Beschluss gefasst, probeweise die als Teil der zukünftigen Vollbahn in Aussicht genommene Stichbahn Spiez–Frutigen nach dem in Seebach angewandten Einphasensystem von 15000 Volt und 15 Perioden/Sek. zu elektrifizieren, um Erfahrungen für die Zukunft zu sammeln. Von dieser Umstellung, die einen erneuten Erfolg für das Team Huber-Stockar/Behn-Eschenburg in Oerlikon bedeutete, soll noch zu reden sein.

Unabhängig davon, aber ebenfalls mit Hilfe des Oerlikoner Werkes, entstand 1909 die von Anfang an elektrisch betriebene Schmalspurbahn Locarno–Bignasco mit Einphasen-Wechselstrom von 5000 Volt und 20 Perioden/Sek. Die niedrigere Spannung wurde aus Furcht vor Isolationsschwierigkeiten und auch wegen der Schwierigkeit der Unterbringung eines schweren Transformators in die schmalspurigen Triebwagen gewählt. Ja, der Wechselstrombetrieb wurde sogar bei der anschliessenden Trambahn von Locarno angewandt, dort freilich mit noch niedrigerer Grundspannung. Auf der Maggiatalbahn nach Bignasco kam auch der seitliche Fahrdraht zum Einbau. Er diente sogar noch, als die Linie später zum Gleichstrombetrieb überging. Auf der nebenstehenden Aufnahme von 1946 ist der Oerlikoner Drehbügel gut zu erkennen. Auf Grund häufiger Unterbrüche in der Stromabnahme wurde allerdings im Maggiatal die Fahrleitung nur noch seitlich und nicht mehr von oben bestrichen.

Mit diesen Bahnen ist die Liste der frühen Wechselstrom-Elektrifikationen in der Schweiz noch nicht erschöpft. 1910 gingen die beiden Bahnen Martigny–Orsières und Emmenbrücke–Beinwil–Wildegg/Beromünster zum elektrischen Betrieb über. Für Martigny–Orsières hatte Brown Boveri eine Spannung von 8000

Volt und 15 Perioden/Sek. gewählt. Die vier Triebwagen besassen Dérimotoren mit mechanischer Bürstenverschiebung, die über ein kompliziertes Gestänge von den beiden Führerständen aus reguliert wurden. Eine Dampflok, die von den SBB angekauft worden war, diente als notwendige Reserve. Auf der Seetalbahn Emmenbrücke–Wildegg betrug die Spannung nur 5500 Volt mit 25 Perioden/Sek. Verwendet wurden auch hier zunächst ausschliesslich Motorwagen für den Personen- und den Güterverkehr, welche freilich Reihenschlussmotoren in Tatzlageraufhängung in den Drehgestellen besassen. Ein Zug mit dem alten Seetaler Motorwagen BCe 4/4 Nr. 53 ist auf unserem Bild in Beinwil am See abgebildet. Interessant ist der hinter dem Packwagen laufende vierachsige Speisewagen. Ja, auch das gab es auf der strassenbahnähnlichen Lokalbahn von Luzern ins Aargauische hinüber! Nachdem 1922 die Seetallinie in den Besitz der Bundesbahnen gelangt war, musste für den Güterdienst auf der steigungsreichen Strecke der Triebfahrzeugpark ergänzt werden. 1926 entstanden nach reinem SBB-Modell die drei heute noch bestehenden Lokomotiven De 6/6 15301–15303, deren mechanischer Teil den C-C-Lokomotiven der Rhätischen Bahn nachgebaut war, wogegen die elektrische Ausrüstung weitgehend mit den Be 4/6 der Gotthardlinie übereinstimmte. Interessant in unserem Zusammenhang ist die Umschaltmöglichkeit von 5500 V/25 Per. auf 15000 V/16 2/3 Per., die vorgesehen werden musste, um den Durchlauf der Fahrzeuge über normale elektrifizierte SBB-Strecken zu ermöglichen. 1930 wurde die Spannung der Seetallinie derjenigen der SBB angeglichen. Die Fahrleitungen, die bisher noch primitiv anmuteten, wurden ebenfalls normalisiert; noch heute aber erinnert die Bauart der Masten und Ausleger an die andere Herkunft.

Mit Gleichstrom über Land

Wesentlich früher als der Drehstrom und der Einphasen-Wechselstrom ist der Gleichstrom für den Betrieb elektrischer Bahnen verwendet worden. Schon die erste brauchbare elektrische Lokomotive überhaupt, die Werner von Siemens 1879 in Berlin als Ausstellungsbahn in Betrieb setzte, war mit Gleichstrom betrieben. Anschliessend entstanden sowohl in Deutschland als anderswo, vor allem in den Vereinigten Staaten von Amerika, kurze elektrische Strecken, allerdings fast ausschliesslich als Strassenbahnen konzipiert. Der Grund war klar: Gleichstrom kann nicht transformiert werden. Motoren für höhere Gleichstromspannung als etwa 600 Volt gab es damals noch nicht. Wird eine derart niedrige Spannung über eine längere Strecke transportiert, so sind teure Unterwerke nötig, die den meist als Drehstrom vom Netz der Landesversorgung angelieferten Speisestrom transformieren und umformen. Bei Strassenbahnnetzen mit ihrer fast immer beschränkten Linienlänge kann meist ein einziges Unterwerk genügen. Seitdem in den zwanziger Jahren unseres Jahrhunderts an Stelle der schwerfälligen rotierenden Umformer die Quecksilberdampfgleichrichter aufkamen, haben sich die Kosten der Unterwerke wesentlich verringert, zumal kein Bedienungspersonal mehr ständig anwesend sein muss. Deshalb sind in England, Holland und Frankreich grössere Netze mit relativ niedrig gespanntem Gleichstrom entstanden, auf denen schwere und kräftige Lokomotiven verkehren. Noch günstiger wurde die Konkurrenzlage des Gleichstrombetriebes, als es gelang, höhere Spannungen betriebssicher anzuwenden. Nach Versuchen in Frankreich und auch in der Schweiz ist Italien hier vorangegangen, gefolgt von Belgien und der UdSSR.

Zurück zur Schweiz. Hier ist, freilich nur als Versuch, eine der allerersten elektrischen Bahnen der Welt entstanden. 1884, nur fünf Jahre nach der Siemensschen Première, setzte die Genfer Firma A. de Meuron & Cuénod unter Leitung ihres Chefingenieurs René Thury die erste elektrische Zahnradbahn der Welt in Betrieb. Freilich handelte es sich um eine nur etwa 50 Meter lange Strecke, die in Territet als Probe für eine geplante Bahnverbindung zwischen zwei Hotels zu dienen hatte. Der Versuch soll schlüssig gewesen sein, auch wenn das Zahnradbahnprojekt im Waadtland schliesslich nicht verwirklicht wurde. 1892 konnte Thury auf französischem Boden, aber unmittelbar bei Genf, die erste für den regelmässigen Betrieb konzipierte elektrische Zahnradbahn, die Linie Veyrier–Salève, erstellen.

René Thury und das Unternehmen, in dem er arbeitete – es wurde später unter dem Namen «Ateliers de Sécheron» überall bekannt –, erbauten in der Folge eine grosse Zahl von Strassen- und Überlandbahnen. Eigenartigerweise ist aber die erste elektrische Bahn, die in der Schweiz in den regelmässigen Fahrplanbetrieb kam, nicht von der Genfer Firma eingerichtet worden. In Clarens konstruierte die zur Elektrizitätsversorgung der am oberen Genfersee gelegenen Gemeinden entstandene «Société électrique Vevey–Montreux» in eigener Regie Wagen und Anlagen einer elektrischen Trambahn mit 500 Volt Gleichstrom. Die

Strassenbahn kam 1887 in Betrieb; ihre ersten Motorwagen wurden aber bis 1913 alle ersetzt, so gut wie die ursprüngliche Fahrleitung aus geschlitzten Kupferrohren. Fast durch Zufall sind zwei der historischen Vevey – Montreux-Tramwagen erhalten geblieben, wenn auch in erbärmlichem Zustand. Das obenstehende Bild zeigt eines der Fahrzeuge, bevor es in die Obhut des Verkehrshauses der Schweiz kam und heute im Luzerner Museum ein Prunkstück bildet.

Weitere drei Jahre später, im Sommer 1891, wurden die ersten lokomotivbetriebenen elektrischen Bahnen in der Schweiz eröffnet. Die nur wenig mehr als drei Kilometer lange Überlandbahn Sissach–Gelterkinden nahm eine von der Maschinenfabrik Oerlikon konstruierte kleine zweiachsige Meterspurmaschine in den Dienst, und die Bergbahn Lauterbrunnen–Mürren folgte für die Adhäsionsstrecke Grütschalp–Mürren mit drei fast gleichartigen Loks, ebenfalls mit Meterspur. Beide Bahnen wurden mit Gleichstrom von etwa 550 Volt betrieben, und alle Lokomotiven besassen zwei einfache Tatzlagermotoren von je 25 PS. Dass mit dieser bescheidenen Leistung keine überwältigenden Zuggewichte geschleppt werden konnten, versteht sich. Immerhin zog das «Rütscherli» der Sissach–Gelterkinden-Bahn bis zu vier kleine Wagen, während die Mürrenbahn nur einen einzigen Personenwagen auf allerdings 50 Promille Steigung mitführte. Spannend soll, wie der langjährige Chef der elektrischen Anlagen der Berner Oberlandbahnen, J. Hasler, berichtet hat, das Aufschalten des Kontrollers in den Lokomotiven gewesen sein. Wegen des starken Kontaktabbrandes musste neben dem Lokführer ein zweiter Mann, meist ein Mürrener Bub, mit einem Handblasebalg die beim Schalten zwischen den Kontakten sich bildenden Lichtbogen löschen. Von der Sissach–Gelterkinden-Bahn sind solche Feuerlöschkünste nicht bekannt, aber sie werden wohl auch dort vorgekommen sein. Erwähnung verdient schliesslich noch der Umstand, dass die Lokomotiven beider Bahnen den Strom mit Trolleystangen nach dem System Sprague von der Fahrleitung abnahmen. Erbauerin aller Lokomotiven beider Bahnen war die Maschinenfabrik Oerlikon.

Wenn auch die vier historischen Fahrzeuge nicht mehr bestehen, so sind doch wenigstens gute Bilder erhal-

SG
№1

ten. Die Aufnahme auf Seite 49 zeigt den letzten elektrischen Zug der Sissach–Gelterkinden-Bahn am 8. September 1915 bei Böckten. Die nächsten Elektrifikationen betrafen, abgesehen von städtischen Trambahnen, ausschliesslich Überlandlinien kurzer Betriebslänge. Als erste ist die Normalspurbahn Orbe–Chavornay zu nennen, die im April 1894 ihren von Beginn an elektrischen Betrieb aufnahm.

Weiterhin entstanden einige schmalspurige Überlandbahnen, vor allem in der Westschweiz, deren Wagen ebenfalls Tramfahrzeugen glichen. Als Beispiele für diese frühen elektrischen Bahnbetriebe seien hier die Bahnen Rolle–Gimel (1898), Allaman–Aubonne–Gimel (1896/98) und schliesslich noch Gland–Begnins (1906) im Bild dargestellt. Alle diese Bahnen am mittleren Genfersee sind inzwischen wieder verschwunden. Sie fuhren auf oder neben den Landstrassen, deren Bankette sie benützten, und verwendeten tramähnliches Rollmaterial, meist von sehr kleinen Abmessungen. Links oben fährt Wagen 3 der Rolle–Gimel-Bahn beim «Hôtel de l'Union» in Rolle vorbei. Der Wagen kam 1938 nach der Einstellung des Bahnbetriebes Rolle–Gimel auf die benachbarte Bahn Allaman–Aubonne, wo er treu weiter diente, bis auch diese Linie ihre Bücher schloss. Auf dem darunter reproduzierten Bild ist er 1948 im Bahnhof Aubonne ganz links zu sehen, umnumeriert als Nr. 6. Rechts daneben stehen vorn der Zweiachser Nr. 3 der AAG von 1896, gehörig umgebaut, und dahinter der lange Vierachser Ce 2/4 Nr. 11 aus dem Jahre 1898.

Der in Deutschland gebaute Wagen Nr. 1 der kurzen Verbindungsbahn Gland–Begnins besitzt bereits Lenkgestelle für den besseren Kurvenlauf. Er ist deshalb länger als die Zweiacher der AAG und RG. Wie diese nimmt er den Strom mit einem Trolley von der Fahrleitung.

Monter et Descendre
à L'avant de la Voiture
GLAND - BEGNINS
Monter et Descendre
à L'avant de la Voiture

Anfangs des neuen Jahrhunderts tauchten dann die grösseren schmalspurigen Überlandbahnen auf, die für die Beförderung ansehnlicher Mengen von Passagieren und Gütern eingerichtet waren und deshalb auch stärkere Motorwagen verwenden mussten. Ihre Betriebsspannung variierte zwischen 750 und 900 Volt. Wiewohl auf grossen Strecken ebenfalls seitlich der Landstrassen geführt wie die vorgenannten Bahnan, waren das keine mickrigen Trams mehr. Sie besassen bediente Stationen mit ansprechenden Bahnhofsgebäuden und nahmen am «allgemeinen Verkehr» mit durchgehenden Billetten und Frachtbriefen im Anschluss an die Hauptbahnen teil. Oft bewältigten sie einen beträchtlichen Verkehr von Pendler-Abonnenten in der Nachbarschaft grösserer Städte. Links oben ist der Motorwagen CFe 2/4 Nr. 16 der Aarau–Schöftland-Bahn in seiner ursprünglichen Gestalt, um 1922 auf dem heute geleisefreien Aarauer Bahnhofplatz aufgenommen, zu sehen. Der Wagen wurde 1901, im Eröffnungsjahr der Bahn, in den Dienst genommen. Er besass, wie übrigens auch die 1898 erbauten Vierachser der Allaman–Gimel-Bahn, sogenannte «Maximum-Trucks», Stahlguss-Drehgestelle mit einer grossrädrigen Triebachse und einer Laufachse mit kleinen Rädern. Der Wagen ist, freilich zur Unkenntlichkeit umgebaut und modernisiert, heute noch in Schöftland auf der Wynental–Suhrental-Bahn im Betrieb und wirkt mit einem neuen Kasten durchaus modern.

Unten auf dieser Seite und rechts nebenstehend ist die vielfach bedauerte Wetzikon–Meilen-Bahn in ihrem letzten Betriebszustand zu sehen. Auf dem linken Bild hält der Motorwagen Nr. 3 in Uetikon-Oberdorf, bevor er nach Meilen weitergondelt. Rechts ist ein gleichartiger Vierachser bei Grüt in der Nähe von Wetzikon zu sehen.

Auch das Bild auf Seite 54 zeigt eine Kleinbahn im Zürcher Oberland kurz vor der Betriebseinstellung. Die schmalspurige Uster–Oetwil-Bahn schloss einerseits an die Wetzikon–Meilen-Bahn an, anderseits aber auch in Esslingen an die heute noch bestehende und modern ausgebaute Forchbahn. Damit bestand eine durchgehende Schmalspurverbindung vom Zürcher Tramnetz bis Wetzikon, Uster und Meilen. Während aber die WMB über geräumige Fahrzeuge und vor allem auch über wohlgebaute Bahnhöfe verfügte, gab sich die UOe eher als Trambahn, mit hochbeinigen Zweiachsern deutscher Provenienz. Das Depot befand sich in Uster und besteht, als Autowerkstätte umgebaut, immer noch. Auf unserem Bild ist der 1909 erbaute Motorwagen CFe 2/2 Nr.1 vor der Remise an der Strasse Uster–Mönchaltorf zu sehen, an einem regnerischen Apriltag des Jahres 1946.
Auch die obere Photographie auf Seite 55 stellt die Uster–Oetwil-Bahn dar, und zwar am Verbindungspunkt Esslingen. Motorwagen Nr. 2 ist mit einem offenen Güterwagen und dem Anhänger C2 Nr. 21 von Uster her gekommen und stellt den Anschluss an die Forchbahn her, bevor er nach Oetwil–Langholz zur WMB weiterfährt. Milchkannen werden in den Dreiachser-Motorwagen Ce 2/3 Nr. 6 der FB umgeladen; Passagiere sind freilich nicht zu sehen. Ob sie sich ins naheliegende Restaurant Bahnhof verzogen haben? So sehr heruntergewirtschaftet die Anlagen und Fahrzeuge der Zürcher Oberländer Nebenbahnen auch gewesen sein mögen: die Bevölkerung nahm jedenfalls ungern und fast tränenden Auges von ihnen Abschied. Am 13. Mai 1950 fuhr die WMB zum letzten Male. In Grüningen trafen sich die bekränzten Züge, von Wetzikon und Meilen kommend, um endgültig im Depot zu verschwinden und den Autobussen der Verkehrsbetriebe Zürcher Oberland Platz zu machen.

Betriebsschliessungen von Nebenbahnen sind in der Schweiz bisher, im Vergleich zu anderen europäischen Ländern, erstaunlich selten vorgekommen.
Ein Beispiel einer heute nicht mehr bestehenden schmalspurigen Nebenbahnstrecke bildet der Zweig Niederbipp–Oensingen der heutigen Oberaargau–Jura-Bahn. Sie wurde überflüssig, als 1943 die elektrifizierte Oensingen–Balsthal-Bahn einige Züge auf dem SBB-Gleis von Oensingen nach Niederbipp weiterführte. Das nebenstehende Bild zeigt die Anlage der Langenthal–Jura-Bahn am 6. April 1943, ganz kurz vor der Betriebseinstellung, im Bahnhof Oensingen mit den Motorwagen Ce 2/2 Nr.12 und CFe 4/4 Nr.2 und dahinter einen noch mit Dampf betriebenen Zug der Oensingen–Balsthal-Bahn, bestehend aus der ehemaligen Gotthard-Rangierlok Nr.4 ex Ec 3/3 Nr.309/6409 SBB und alten vierachsigen ex-VSB-Personenwagen. Die Aufnahme ist nur wenig älter als dreissig Jahre — wie weit liegt sie zurück!
Das darunterliegende Bild und ebenso die Photographie rechts führen auf die Strecke Wohlen–Bremgarten im Aargau. 1876 als Nebenlinie der Centralbahn, das heisst der gemeinsam von SCB und NOB betriebenen aargauischen Südbahn entstanden, war diese Linie 1912 mit Gleichstrom elektrifiziert und von den SBB an die schmalspurige Bremgarten–Dietikon-Bahn verpachtet worden. Diese Verwaltung legte eine dritte Schiene, um durchgehende Züge Dietikon–Wohlen führen zu können. Die BDB-Linie Bremgarten–Wohlen ist heute, mit modernem Rollmaterial versehen und im Oberbau trefflich modernisiert, zu einer sehr leistungsfähigen Vorortsbahn des Ballungsraumes Zürich herangewachsen. Sie beweist, welchen wirtschaftlichen Nutzen eine auf heutiges technisches Niveau gebrachte Schmalspurbahn auch im Zeitalter der Autobahnen nach wie vor abwerfen kann.

Vorortsbahnen im Bereich grösserer Städte haben im allgemeinen hierzulande noch nie ernsthaft um ihre Existenzberechtigung kämpfen müssen. Ihr Weiterbestand ist gesichert, wenn es gelingt, ihre Schienen von den Strassen, auf denen sie angelegt wurden, zu trennen. Das ist auf exemplarische Weise jüngst bei der in Bern einmündenden Solothurn–Bern-Bahn und bei der Worblentallinie der Vereinigten Bern–Worb-Bahnen der Fall gewesen und wird auf ähnliche Weise bei der Endstation Biel der Seelandbahn Biel–Täuffelen–Ins verwirklicht. Wie die Stadtstationen der genannten Bahnen früher ausgesehen haben, zeigen die drei Bilder auf dieser Doppelseite. Links oben die SLB (heute BTI) mit dem Motorwagen CFe 4/4 Nr. 4 und zwei Zweiachsern im Sommer 1926 auf dem neuen Bahnhofplatz in Biel. Heute kann man vom Ort der Aufnahme aus, der von Hochhäusern umringt ist, den Jura schwerlich mehr sehen! Darunter die ebenfalls verschwundene malerische dreigleisige Stationsanlage der SZB auf dem Bahnhofplatz in Bern, um die gleiche Zeit aufgenommen. Den eingefahrenen Zug aus Solothurn hat Motorwagen BCFe 4/4 Nr. 1 geführt.

Das Bild rechts zeigt den Betrieb auf dem Berner Kornhausplatz, wie er ähnlich noch bis zum Mai 1974 zu sehen war. Die Güterlok Ge 4/4 Nr. 60 der VBW hat 1952 anlässlich des grossen «Bernfestes» einen Zug der Worblentallinie in die Stadt gebracht und beim Zytglogge umständlich rangieren müssen. Dass solche Manöver mitten in einer Großstadt untunlich sind, leuchtet ein!

Nicht allein schmalspurige, sondern auch normalspurige elektrische Lokalbahnen gab und gibt es in der Schweiz. Die Pionierlinie Orbe–Chavornay wurde bereits erwähnt. Ebenfalls noch mit niedriggespanntem Gleichstrom von 900 Volt, aber als Seltenheit nicht

3

mit normalem Fahrdraht, sondern mit dritter Schiene zur Stromversorgung ausgerüstet, nahm 1903 die elektrische Bahn Freiburg–Murten–Ins den Betrieb auf, nachdem ab 1898 bereits Dampflokomotiven zwischen Freiburg und Murten verkehrt hatten. Im August 1947 wurde sie auf den normalen SBB-Einphasenstrom umgestellt. Die schöne Aufnahme auf Seite 60 zeigt einen Zug der FMA (seit 1942 GFM) mit dem rot gestrichenen Triebwagen BCFe 4/4 Nr. 3 im Juni 1947, ganz kurz vor der Traktionsänderung. Das Rollmaterial setzte sich damals neben den Motorwagen ausschliesslich aus Zweiachsern zusammen; es ist seit dem Umbau fast völlig ersetzt worden. Im Bild fallen zwei Personenwagen der ehemaligen Jura–Neuchâtelois-Linie auf, die an ihren Oberlichtaufbauten kenntlich sind.

Rechts nebenstehend werfen wir einen Blick auf die 1916 mit Gleichstrom von 1000 Volt elektrifizierte, seit 1966 aber ebenfalls auf SBB-Wechselstrom umgestellte Wohlen–Meisterschwanden-Bahn. Die 1946 entstandene obere Photo zeigt den Triebwagen CFe 4/4 Nr. 2, der heute noch als BDe 4/4 mit gleicher Nummer bei der Bremgarten–Dietikon-Bahn auf dem Normalspurgleis Wohlen–Bremgarten bisweilen eingesetzt wird, bei Villmergen. Darunter der zehn Jahre ältere, aus dem Eröffnungsjahr 1916 stammende Motorwagen CFe 2/4 Nr. 1 mit zwei Anhängern vor dem Depot in Fahrwangen-Meisterschwanden. Leider ist der Zweiachsmotorwagen Ce 2/2 Nr. 11 nicht zu erblicken; er verkehrte damals, im Sommer 1946, nur noch selten vor fahrplanmässigen Zügen. Betrieblich hing die Wohlen–Meisterschwanden-Bahn schon damals eng mit der schmalspurigen Bremgarten–Dietikon-Bahn zusammen.

Die beiden Bilder auf Seite 62 sind im Tessin aufgenommen. Das obere Photo zeigt die elektrische Linie

BIOGGIO

JENIN
POSTA
3
Lugano
LUGANO CADRO 3 DINO - SONVICO

BCFZe 2/4
1
POSTES

Lugano–Ponte Tresa der «Ferrovie Luganesi» im Eröffnungsjahr 1912. Ein Zug mit dem Motorwagen BCe 4/4 Nr. 2 hält in der Station Bioggio. Charakteristisch der doppelt gekreuzte Scherenbügel auf der Fahrzeugmitte.

Romantisch in seiner zusammengewürfelten Komposition wirkt der Schmalspurzug der Lugano–Cadro–Dino-Bahn, der von H. U. Würsten 1949 auf dem autoleeren Quai bei der Piazza Rezzonico in Lugano aufgenommen worden ist. Der Triebwagen CFe 2/3 Nr. 3 wirkt bei der Bergfahrt nach Dino hinauf als Schiebemotorwagen; vorne am Zug ist der gleichartige, aber elektrisch anders ausgerüstete Wagen Nr. 2 angekuppelt. Die beiden Triebwagen führen den Zug mittels einer eigens für die LCD entwickelten komplizierten Starkstrom-Vielfachsteuerung. Unter den vier Zwischenwagen, deren keiner dem andern gleich ist, sticht ein ehemaliger BC der Rhätischen Bahn von 1889 hervor.

Während die beiden Tessiner Bahnen Gleichstrom von 1000 Volt anwandten, bediente sich die 1916 eingeweihte Bahn Nyon–St-Cergue der sehr hohen Gleichstromspannung von 2200 Volt (analog der Bahn Chur–Arosa). Das noch vor der eigentlichen Betriebseröffnung aufgenommene Fabrikbild stellt den Motorwagen BCFZe 4/4 Nr. 1 auf der Strecke bei Genolier dar. Auf der Wagenwand ist noch die Bahnbezeichnung «Chemins de fer électriques du Jura» zu erkennen, die alsbald durch die Streckeninitialen NStCM ersetzt wurde. Motorwagen und Anhänger aber bestehen unverändert heute noch.

Auf Seite 64 nebenstehend schliesslich eine Erinnerung an die 1913 als Ersatz für einen Autobetrieb entstandenen und 1955 wieder einem Autobetrieb gewichenen Elektrischen Strassenbahnen im Kanton Zug.

Vorne verkehrt ein Vierachserzug nach Oberägeri, gefolgt von einem Zweiachser-Motorwagen der Linie Baar–Menzingen. Das Bild stammt von 1913.

Als längste und zusammen mit der Berninabahn als Durchgangslinie bedeutendste der frühen schweizerischen Gleichstrombahnen darf die Linie Montreux–Oberland angesehen werden. 1901 auf ihrem ersten Teilstück Montreux–Les Avants und 1905 durchgehend bis Zweisimmen eröffnet, wozu 1912 noch die Ergänzung Zweisimmen–Lenk kam, stellt sie ein Mittelding zwischen einer Überland- und einer Bergbahn dar. Die Höchststeigung beträgt volle 73 Promille. Dass die von der Bahnverwaltung in Betrieb gesetzten Motorwagen angestrengt arbeiten müssen, um die Züge zu befördern, ist unter diesen Umständen klar. Freilich erlaubten die Fortschritte der Elektrotechnik im Eröffnungsjahr noch keine übermässig kräftige Ausrüstung. Die vier Motoren jedes Triebwagens erzeugten zusammen nur 260 PS, so dass sehr oft mit Vorspann gefahren werden musste. Lokomotiven nahm die Bahn erst 1932 in Form der 1100 PS leistenden Gepäcktriebwagen FZe 6/6 2001 und 2002 in Dienst.

Das nebenstehende Bild, wie manche andere in diesem Buch durch Hans U. Würsten aus Bern aufgenommen, zeigt den Motorwagen BCFe 4/4 Nr. 6, einen der ersten der Bahn, im August 1943 in Gstaad als Rangierfahrzeug. Auf der folgenden Seite sind die 1924 entstandenen CFZe 4/4 27 und 28 im Wintersportverkehr in Gstaad zu erblicken. Die beiden je 528 PS leistenden Motorwagen weisen grosse Gepäck- und Postabteile und nur 34 Sitzplätze 3. Klasse auf. Sie besassen seit der Ablieferung Scherenstromabnehmer, während die älteren Motorwagen je zwei Siemensbügel benützten. Der Wintersportverkehr, der in den zwanziger Jahren aufkam, bescherte der immer

um die Rentabilität kämpfenden MOB lange Züge, für die bisweilen sogar Material benachbarter Verwaltungen (auf dem Bild oben unmittelbar hinter den zwei Triebwagen ein C2 der Greyerzer Bahnen) ausgeliehen werden musste. Früh schon setzte die MOB auch besondere Skiwagen ein, deren einen das untere Bild in Montreux vor dem Motorwagen BFZe 4/4 Nr. 26 zeigt.

Sicher die interessanteste, wenn auch kurzlebigste Episode im Kampf der MOB um die Gunst beim internationalen Reisepublikum stellte die Pullman-Expresszugsverbindung des «Golden Mountain Express» im Sommer 1931 dar. In Zusammenarbeit mit der Compagnie internationale des Wagons-lits wurden Schmalspur-Pullmanwagen angeschafft, die, von zwei Triebwagen geführt, auf schnellen Verbindungen von Montreux nach Château d'Oex, Gstaad und Zweisimmen verkehrten. Speisewagen besass die MOB schon seit 1906. Der «Golden Mountain Pullman Express» wurde mit breiter Propadanda in Europa und Amerika bekanntgemacht, verkehrte aber nur einen einzigen Sommer lang, da die Wirtschaftskrise seinen Lauf nicht weiter verantworten liess. Die zwei Doppeltriebwagen oder eigentlich Lokomotiven FZe 6/6, deren Konstruktion im Hinblick auf die Führung der Expresszüge erfolgte, kamen nach ihrer Fertigstellung überhaupt nie dazu, ihre eigentliche Aufgabe zu erfüllen. Die Pullmanwagen konnten glücklicherweise an die Rhätische Bahn verkauft werden, und die Speisewagen endeten als AB4-Wagen.

Das rechts nebenstehende Bild zeigt den Golden Mountain Express im Sommer 1931 hinter zwei Motorwagen der Reihe 23–26 in der grossen Kehrkurve oberhalb Gstaad. Der BFZe 4/4 Nr. 24 war als Stamm-Triebfahrzeug dieses Zuges dunkelblau-crèmefarbig gestrichen wie die Pullmanwagen.

Bergwärts

Über die richtige Definition des Begriffes «Bergbahn» liessen sich heisse Diskussionen führen. Der gute alte Dr. Victor Röll hat 1890 in seiner «Encyklopädie des gesamten Eisenbahnwesens» als Bergbahnen Schienenwege von rein örtlicher Bedeutung verstanden, «welche auf Anhöhen oder Berge führen, meist für sich ohne eine Verbindung mit einer Bahnanlage anderer Art bestehen und aussergewöhnliche Steigungen bei zumeist geringer Länge aufweisen». Demnach wäre also etwa die Furka–Oberalp-Bahn oder die Berninabahn keine Bergbahn. Röll unterscheidet denn auch gewissenhaft die Bergbahnen von den Gebirgsbahnen. Doch lassen wir das Spielen mit Ausdrücken und wenden wir uns der Wirklichkeit zu, die in der Tat, seitdem es Eisenbahnen auf den Bergen gibt, sich bunt genug entfaltet hat.

Gleichsam als Übergang von den Gleichstrom-Überlandbahnen zu den eigentlichen Bergbahnen steigt im Bild auf Seite 68 ein Zug der schmalspurigen Linie Monthey–Champéry im Wallis an der Berglehne empor. Die schöne Photographie ist im Frühjahr 1908 kurz nach der Eröffnung bei der sagenumwobenen Pierre des Marmettes aufgenommen worden. Deutlich ist im Gleis die Strubsche Zahnstange zu sehen, an welcher der Motorwagen BCFe 4/4 Nr.1 auf die Höhe klettert. Nach einem Konzept der Maschinenfabrik Alioth wiesen diese Triebwagen, deren genau gleiche Geschwister übrigens von Stresa nach dem Mottarone in Norditalien fuhren, zwei Drehgestelle mit je einem Adhäsions- und Zahnradmotor auf, die in Serie-Parallelschaltung betrieben wurden.

Unzweifelhaft als Bergbahn im strengsten Röllschen Sinn zu betrachten ist die Rigibahn, die von Vitznau aus mit Hilfe der Zahnstange Riggenbachs emporsteigt. So viel ist über sie schon geschrieben und so viele alte Bilder sind von ihr schon publiziert worden, dass eine einzige Ansicht aus der Eröffnungszeit hier genügen mag. Die kurz nach 1871 entstandene Photographie zeigt einen Zug, der von einer der ersten aus Olten stammenden Zahnradlokomotiven 1–3 geschoben wird, auf der Schnurtobelbrücke. Diese eiserne Kunstbaute besass anfänglich nur zwei Zwischenpfeiler, später fünf. Die Lokomotiven mit dem stehenden «Schnapsbrenner» erhielten zwischen 1882 und 1892 liegende Kessel. Trotz anfänglich eher primitiver Bremseinrichtungen fuhren sie mehr als 65 Jahre lang unfallfrei zum Rigi-Kulm hinauf und wieder herunter, bis sie 1937 von elektrischen Triebwagen abgelöst wurden.

Eine besonders fesselnde Aufnahme, die aus der Sammlung des ehemaligen Goldauer Bahnhofwirtes Edwin Simon stammt, findet sich auf der nächsten Seite. Sie stellt den Bahnhof Arth-Goldau der Gotthardbahn im Eröffnungsjahr der durchgehenden Linie dar. Vor einem langen Gotthardzug mit den berühmten Galeriewagen wartet das Zahnradzüglein der Arth–Rigi-Bahn auf Gäste. Die von Arth aus auf den Rigi führende Bergbahn wurde 1875 mit einer Adhäsionsstrecke von Arth nach Goldau und der eigentlichen Zahnradstrecke von Goldau nach Rigi-Kulm eröffnet. 1882, anlässlich der Eröffnung der Gotthardbahn, verlegte sie ihre Goldauer Zwischenstation, um

ein direktes Umsteigen zu ermöglichen. Als 1897 die Zufahrtslinie Zug–Arth-Goldau einmündete, entstand der Hochperron über dem Bahnhof.
Bis 1897 fuhren die Bergbahnwagen durchgehend von Arth am See bis auf den Rigi. Bis Goldau wurden sie von der kleinen dreigekuppelten Adhäsionslokomotive geschoben, dort wurde Kopf gemacht, und eine bereitstehende Zahnradlok schob den Zug vom andern Ende her auf den Berg. Nach 1897 hielt die Adhäsionsbahn vor dem neuen Bahnhof, und die Passagiere mussten zu Fuss den auf dem Hochperron wartenden Bergzug erreichen. Der alte Goldauer Bahnhof ist als Bürohaus und Magazin des Bahnmeisters der SBB noch heute erhalten.

Nach den Zahnradbahnen entstanden sehr bald auch Bergbahnen mit schmalspurigem Adhäsionsbetrieb. Als dritten Schienenweg auf dem touristisch mit Macht erschlossenen Rigi öffnete die Rigi–Scheidegg-Bahn von Kaltbad über Rigi-First nach der Scheidegg 1874/75 ihre Linie. Die Depots befanden sich auf Kaltbad; von dort zog die Bahn in steter starker Steigung ihre weiten Kurven um das Bergmassiv, bis sie nach 6,7 km Gesamtlänge den Endpunkt erreichte. Unsere Bilder zeigen das Palasthotel Rigi-First, mit der Hotelsiedlung Rigi-Kaltbad links im Hintergrund, und einen Zug der RSB oberhalb Unterstetten, mit einem Ausblick auf Rigi-Staffel und auf die über Rigi-Klösterli emporklimmende Arth–Rigi-Bahn.

Eine weitere frühe Schmalspurbahn mit Meterspur war die Appenzellerbahn, die von Winkeln (später Gossau) nach Herisau und weiter nach Urnäsch führte, bis sie schliesslich Appenzell erreichte. Obwohl keine Bergbahn im reinen Röllschen Sinn, bewältigt sie doch starke Steigungen. 1875 mit vier kleinen Dampflokomotiven eröffnet, diente sie als frühes Musterbeispiel einer leistungsfähigen, aber billig zu erstellenden Verkehrsverbindung im gebirgigen Gelände. In der Zeitschrift «Die Eisenbahn», einer Vorläuferin der Schweizerischen Bauzeitung, fand sie denn auch eine ausführliche Würdigung. Die Initialen «S.L.B.» bedeuten «Schweizerische Local-Bahnen»; die Betriebsgesellschaft wollte noch andere Linien eröffnen.

1. LOCOMOTIVE

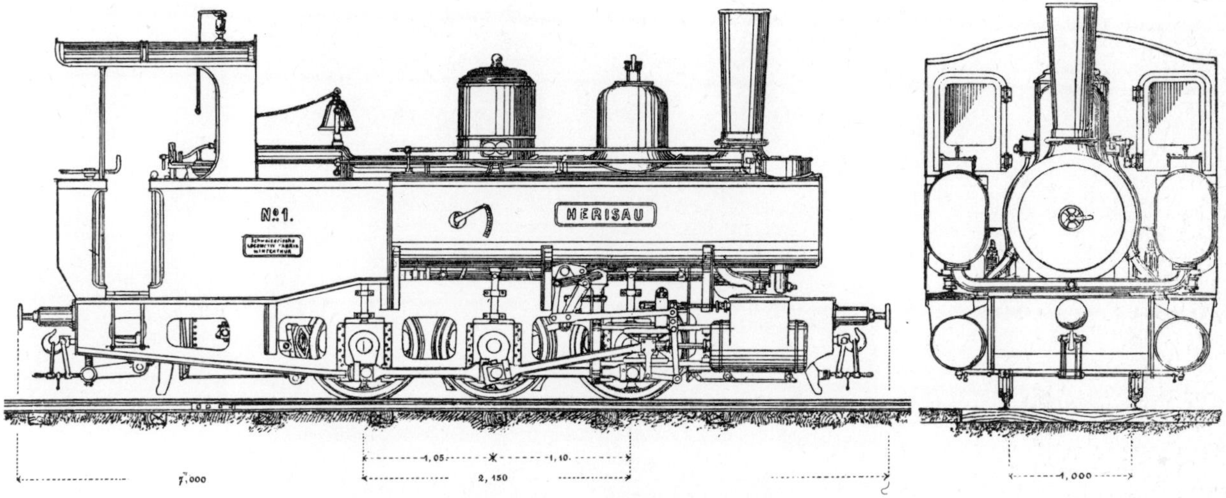

2. PERSONENWAGEN.

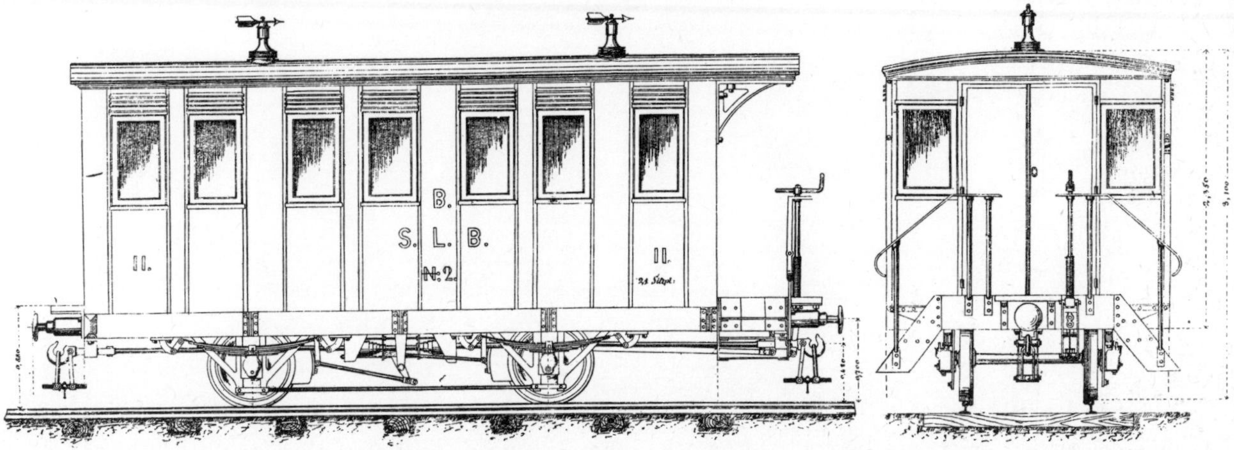

Die dritte technische Ausführungsart früher Bergbahnen war die Standseilbahn. In der Schweiz entstand 1877 die normalspurige Linie Lausanne–Ouchy mit verhältnismässig geringer Steigung, die ihre Wagen mit normalen Puffern ausrüstete und auch Vollbahnwagen an ihre Züge hängen konnte. Von den Lausannern liebevoll «Ficelle» genannt, diente die leistungsfähige Seilbahn achtzig Jahre lang treu, bis sie zur modernen Zahnrad-Metro umgewandelt wurde. Das obenstehende Bild zeigt einen aus vier Wagen bestehenden Seilbahnzug bei Ouchy um die Jahrhundertwende.
Steilere Seilbahnen mussten zur Bremsung die Zahnstange zur Hilfe nehmen. Riggenbach selbst baute 1883 die Bahn Territet–Glion, die als lebendiges Museumsstück noch immer existiert. Am Giessbach entstand schon 1879 eine ähnliche Seilbahn. Unser Bild rechts zeigt sie im Rahmen des dortigen Hotelkomplexes in einer Prospektansicht von etwa 1900.

1. Schiff- und Drahtseilbahn-Station.
2. Elektrizitätswerk.
3. Grand Hotel.
4. Bierhalle.
5. Chalet des Kurarztes.
6. Gedeckte Wandelhalle und Spielplätze.
7. Laube.
8. Kurhaus Giessbach (Hydro- und Elektrotherapie.)
9. Musikpavillon.
10. Bazar.
11. Dépendance
12. Pension Beausite.
13. Halle.
14/15. Oekonomie-Gebäude.
16. Gemüsegarten.
17. Luft-, Licht- und Sonnenbad.
18/19/20. Rauft-Pavillons und Bellevue.
21. Weg nach Brienz-Luzern.
22. Weg nach Iseltwald-Interlaken.

Meistverwendetes Hilfsmittel des Bergbahnbetriebes blieb aber die Zahnstange. Gerade die Schweiz hat wie kaum ein anderes Land Zahnradbahnen in verschwenderischer Fülle und Vielfalt entstehen lassen. Von St. Gallen ins Appenzellerland hinauf baute Klose, der eigenwillige frühere Maschinenmeister der Vereinigten Schweizerbahnen, eine meterspurige Linie mit wechselndem Zahnrad- und Adhäsionsbetrieb. Die von Klose konstruierten und in Winterthur erbauten Gelenklokomotiven für Riggenbach-Zahnstange waren komplizierte Dinger, die aber nach der Überwindung verschiedener Kinderkrankheiten ihren Dienst vorzüglich versahen und vom Erbauungsjahr 1889 bis zur Elektrifikation 1931 im Betrieb standen. Als technisches Schaustück, von Klose speziell für die Demonstration der Steig- und Bogenlauffähigkeit seiner Maschinen geplant, verfehlte die berühmte Kehrkurve oberhalb St. Gallen mit ihrem Radius von 30 Metern auf 90 Promille Steigung ihre Wirkung bei der Fachwelt nicht. Wie das um 1902 entstandene Bild auf Seite 76 beweist, schleppten die zweiachsigen Lokomotivchen mit ihren einachsigen Tendern ansehnliche Lasten bergan. Da die «Appenzeller Strassenbahn» viel Touristenverkehr aufwies, besass sie mehrere offene Sommer-Personenwagen.
Eine andere, nicht minder berühmte Spezial-Zahnradbahn ist die mit einer Höchststeigung von vollen 480 Promille bergan klimmende Pilatusbahn. Vom Bergbahnpionier Oberst Locher erbaut und mit der nach ihm benannten, waagrecht liegenden, doppelzahnigen Zahnstange ausgerüstet, eröffnete die Linie ihren Betrieb im Juni 1889 mit neun zweiachsigen Dampftriebwagen. Einer von ihnen, der Wagen 4, ist rechts auf der Höchststeigung an der steilen Eselswand unterhalb der Gipfelstation zu erblicken. Die Fahrzeuge besassen querliegende Kessel.

Prunkstück der schweizerischen Bergbahnen war die von Luzern ins Berner Oberland führende, von der grossen Jura–Bern–Luzern-Bahn in den achtziger Jahren errichtete Brüniglinie. Sie hatte eine bewegte Vorgeschichte, hätte doch schon in den siebziger Jahren eine normalspurige Alpenbahn von Luzern nach Interlaken–Bern und womöglich von Meiringen über Grimsel und Nufenenpass nach Süden gebaut werden sollen. Zur Realisation des waghalsigen Planes kam es nicht. Die Bahn entstand schliesslich als schmalspurige, aber dennoch erstaunlich leistungsfähige Zahnradstrecke. Sie führte, was damals durchaus nicht selbstverständlich war, von Anfang an den Winterbetrieb ein. Das ergab dem Verkehrsmittel fast schon den Charakter einer Hauptlinie, führte aber auch zu mannigfachen Schwierigkeiten auf dem zwar nur 1000 m hohen, aber gewöhnlich sehr schneereichen Brünigpass. Kein Wunder, dass schon sehr früh Photographen im Winter aufbrachen, um den eigenartigen Zauber von Eisenbahnzügen zwischen hohen Schneemauern auf ihre Platten zu bannen. Die beiden oberen Bilder dieser Doppelseite zeigen Brünigbahnzüge auf der Paßstation um die Jahrhundertwende. Die ersten Berglokomotiven der Brünigbahn besassen, im Gegensatz zu den mit getrennten Triebwerken für Adhäsion und Zahnrad ausgerüsteten Maschinen der Appenzeller Strassenbahn von Klose, direkten Antrieb. Die Zylinder wirkten auf die Zahnradwelle und von dort mit Kuppelstangen auf die beiden Adhäsionsachsen. Das Zahnrad lief also auf den Reibungsstrekken immer mit, und die Geschwindigkeit war auf Adhäsions- und Zahnradstrecken immer gleich gross. Dies ergab natürlich im Betrieb Schwierigkeiten, zumal durch die unvermeidliche Abnützung der Durchmesser der Adhäsionsräder nicht immer genau mit demjenigen des Zahnrades übereinstimmte. So wur-

den die an sich tüchtigen kleinen Loks schon bald ausrangiert; zwei beendeten ihre Tage auf der Stuttgarter Zahnradbahn.
Natürlich bewältigte die Brünigbahn im Sommer einen weit grösseren Verkehr als im Winter.
Ab 1905 schafften die SBB, an die die Strecke aus dem Besitz der Jura–Simplon-Bahn übergegangen war, grössere dreiachsige Berglokomotiven mit getrennten Triebwerken an. Diese waren imstande, Züge von vier Vierachswagen über die Höchststeigung zu befördern. Meist wurde in Meiringen und Giswil, wo die Mogul-Adhäsionslokomotiven von den Bergmaschinen abgelöst wurden, eine HG-3/3-Lok vorn und eine andere hinten an den Zug gespannt, und gemeinsam ging es unter ohrenbetäubendem Pusten und Stampfen hinauf auf den Berg. Wer sich noch an Brünigfahrten unter Dampf vor der 1941 erfolgten Elektrifizierung erinnern kann, der wird als Eisenbahnfreund verklärt auf jene Zeit der tälerfüllenden Dampfwolken, der wirbelnden Zahnradtriebwerke mit ihren ölglänzenden Triebstangen zurückblicken. Andere Leute haben das Ende des Dampfbetriebes mit seinem Russ und Staub herbeigesehnt. Unter dem auf Seite 80 reproduzierten Pressebild, das einen Brünigzug oberhalb Giswil mit Lok HG 3/3 Nr.1052 zeigt, stand als Legende: «Der Kohlenfresser am Brünig verqualmt das schönste Feriengebiet.» Auch so kann man es ansehen!
Das nebenstehende untere Bild stellt einen Brünigzug mit neuer HG-3/3-Lok, aber noch alten dreiachsigen Personenwagen auf der Brünigpasshöhe dar. Lange fuhren die alten Fahrzeuge noch weiter, obschon sie allmählich durch lange, geräumige Vierachser ersetzt wurden, die in ihrem Fassungsvermögen den C3 der SBB entsprechen. Heute sind auch diese Wagen verschwunden.

EIGER

Während die Brünigbahn viele Jahre hindurch in Brienz endete und ihre Fortsetzung bis Interlaken erst 1916 fand, bildeten die nach dem gleichen System erbauten Berner-Oberland-Bahnen schon seit 1890 eine natürliche Anschlusslinie, die ins Zentrum des Berner Hochalpengebietes, nach Interlaken und Lauterbrunnen, führte. Lokomotiven und Wagen der BOB waren unbeschränkt auf die Brünigbahn übergangsfähig, und in der Tat entstanden nach dem Ersten Weltkrieg durchgehende Schnellzüge mit direkten Wagen Luzern–Grindelwald. Im Winter freilich war der Verkehr noch lange mager, und da konnte die kleine zweiachsige Dampflokomotive «Eiger» den ganzen Verkehr allein bewältigen, indem sie von Interlaken mit einem einzigen kombinierten BCFZ 4-Wagen zuerst Lauterbrunnen und dann via Zweilütschinen Grindelwald bediente. Das «Eigerli» ist auch nach der 1914 erfolgten Elektrifikation der BOB noch lange als Rangiermaschine in Interlaken-Ost erhalten geblieben. In den neunziger Jahren brach im Berner Oberland ein wahres Zahnradfieber aus. Nacheinander entstanden die Bergbahnen auf das Brienzer Rothorn, die Schynige Platte und die Wengernalp, und von der Gipfelstation Kleine Scheidegg der Wengeralpbahn führte ab 1898 die Jungfraubahn weiter hinauf, um 1912 das Jungfraujoch zu erreichen. Auf dem Bild auf Seite 82 ist die geräumige Bahnhofsanlage Scheidegg, die immerhin mehr als 2000 Meter über Meer liegt, im Sommer 1898 dargestellt. WAB und Jungfraubahn fahren mit zwei verschiedenen Spurweiten, 80 cm und 1 m, so dass keine Gleisverbindung entstehen konnte. Die Brienz–Rothorn-Bahn musste wegen mangelnder Rentabilität 1914 ihren Betrieb schliessen. Im Krisenjahr 1931 aber entstand sie dank der wagemutigen Initiative einiger Brienzer wieder neu. Die ersten Züge nach der Wiedereröffnung sind rechts zu sehen.

1898 setzte sich der elektrische Betrieb bei Bergbahnen durch. Fast gleichzeitig entstanden drei mit Drehstrom betriebene Zahnradbahnen, von denen jede einen vollen technischen Erfolg darstellte. Die am 20. August 1898 eingeweihte Gornergratbahn und die am 20. September des gleichen Jahres auf ihrem ersten Teilstück eröffnete Jungfraubahn stossen beide auf Höhen von über 3000 m vor. Beide wurden anfänglich mit Zügen, die aus kleinen elektrischen Lokomotiven und fest mit ihnen verbundenen Rowanwagen bestanden, betrieben. Die Spannung betrug 550 bzw. 650 Volt bei 40 Hertz. Lediglich das Zahnstangensystem war verschieden: bei der Gornergratbahn nach Abt, auf der Jungfrau nach Strub.
Das obere Bild links zeigt die Gornergratbahn auf der Zwischenstation Riffelalp, von der aus ein originelles, ebenfalls mit Drehstrom betriebenes «Hochgebirgstram» die 600 m lange Strecke zum Palasthotel durchmass. Darunter auf einer alten Postkarte die Station Scheidegg mit der in etwas phantastischer Form eingezeichneten projektierten Jungfraubahn.
Die dritte 1898 entstandene Drehstrom-Bergbahn war die gemischte Linie Stansstad–Engelberg, die eine Zahnstangenstrecke System Riggenbach von 1,5 km Länge besass. Kleine Lokomotiven beförderten die reinen Adhäsionstriebwagen mit 750 V 33⅓ Hz am Berg. 1964 wurde die StEB nach Hergiswil verlängert, an die Brüniglinie angeschlossen und als Luzern–Engelberg-Bahn auf SBB-Einphasenstrom umgestellt. Von ihren fünf Drehstrom-Zahnradloks ist leider keine erhalten geblieben. Im Bild aber können wir die erst 1913 erbaute, aber den übrigen Loks von 1898 genau gleichende Maschine HGe 2/2 Nr. 5 mit dem davorgestellten Sommer-Triebwagen Ce (früher Be) 2/4 Nr. 7 auf der Steilstrecke von 250 Promille zwischen Obermatt und Gherst bewundern.

5
STANSSTAD
7

26

Sicher die Krone unter allen schweizerischen Bergbahnen darf die Rhätische Bahn beanspruchen, von der allerdings (ähnlich wie bei der Montreux–Oberland-Bahn) nicht genau feststeht, ob sie nun eine Vollbahn, eine Überlandbahn oder eine Bergbahn darstellt. Sei es wie es wolle, auf alle Fälle ist die schmalspurige Staatsbahn des Kantons Graubünden auf allen ihren verschiedenen Strecken, die auch nach verschiedenen Systemen elektrifiziert sind, ein imponierendes Verkehrsnetz. Das war schon früher so, als auf dem Stammnetz von Chur nach Davos, Albula–St.Moritz und nach Ilanz–Disentis noch der Dampfbetrieb herrschte. Nach den ersten, vom Eröffnungsjahr Landquart–Klosters 1889 datierenden Mogulmaschinen, die sich rasch als zu schwach erwiesen, schleppten sehr bald Malletlokomotiven der Bauarten B'B, B'B 1' und 1'B'B die Züge auf den RhB-Strecken mit ihren Steigungen bis zu 45 Promille. Nach der Elektrifikation in den Jahren 1919–1922 wurden sie bald verkauft und fuhren zum Teil in Brasilien und Madagaskar weiter. Drei der Malletloks, die G 2/3 + 2/2 Nr. 26, 27 und 28, kamen zur Yverdon–Ste-Croix-Bahn, wo sie bis zur Elektrifikation 1945 fast den ganzen Zugsdienst besorgten. Das Bild auf Seite 86 ist am Tag der Betriebsumstellung, dem 25. Januar 1945, in Baulmes aufgenommen worden und zeigt den letzten Dampfzug der YSteC mit Lok 28 ex RhB mit Baujahr 1902.
1904 stellte die Rhätische Bahn für die durchgehenden Züge Chur–Engadin wesentlich grössere Lokomotiven mit Schlepptender in Dienst. Das waren Zweizylinder-Verbundmaschinen der Achsfolge 1'D, die auf 35 Promille Steigung Züge von 90 Tonnen über die Albula befördern konnten. Später wurde der Typ als Heissdampf-Zwillingslok noch wesentlich verstärkt. Das Bild stellt eine der ersten Ge 4/5 1904 in Bevers dar.

Die Kraft und Qualität der RhB-Dampflokomotiven und auch ihr vorzüglicher Unterhaltszustand liessen für sie allenthalben gute Käufer finden, als sie nach der Elektrifikation des Stammnetzes entbehrlich wurden. Zahlreiche G 4/5 der Heissdampfserie kamen nach Thailand, wo deren eine nach jahrzehntelangem Gebrauch heute vor der Bergstation Chiengmai als Denkmal aufgestellt ist. Andere wanderten nach Spanien aus, um auf der langgestreckten Ferrocarril de la Robla in Asturien ebenfalls noch jahrzehntelang zu verkehren. Das Bild rechts unten zeigt Nr.104, die wie die Loks der YSteC die alte RhB-Betriebsnummer behalten hat, im Juni 1955 im Depot Valmaseda. Bei der Ferrocarril de la Robla hat sie den schönen Namen «José de Areste» erhalten.
Vielleicht noch ungewohnter sehen die beiden Photos rechts oben und auf der linken Seite aus, die durchaus in der Schweiz aufgenommen worden sind, aber wie Vexierbilder anmuten. Sie stellen eine Bahn dar, die nach dem Zeitpunkt der Aufnahmen noch für fast zwanzig Jahre gar keinen öffentlichen Verkehr kannte! Das Bild links zeigt den Betriebsbahnhof Innertkirchen der Kraftwerke Oberhasli am 17. Oktober 1927, während rechts oben die RhB-Malletlok Nr. 23 (mit Laufachse hinten) am 14. Juni 1926 als Arbeitsmaschine beim Bau der Strecke Meiringen–Innertkirchen tätig ist. Die Lokomotiven G 2/2 + 2/3 Nr. 23 und 24 leisteten von 1926 bis 1940 bzw. 1937 Dienst auf der Meiringen–Innertkirchen-Bahn, die gelegentliche Personentransporte zuerst mit einem dreiachsigen Wagen der Brünigbahn hinter einer Dampflok, ab 1931 mit einem Akkumulatorentraktor führte, bis 1946 der öffentliche Verkehr aufgenommen werden konnte. Noch eine andere Bahn in der Schweiz hat lange Zeit Geleise und Stationen besessen, ohne sie zu befahren: die Furkabahn. Vor dem Ersten Weltkrieg von einer

französischen Gesellschaft begonnen und im Sommer 1915 bis Gletsch eröffnet, kam dieses Unternehmen durch den Krieg in Schwierigkeiten und blieb unvollendet. Nachdem auch der Verkehr Oberwald–Gletsch wieder stillgelegt und die Strecke Brig–Oberwald nur noch selten befahren wurde, erfuhr die Bahn durch die Initiative des damaligen Direktors der Visp–Zermatt-Bahn, André Marguerat, in den zwanziger Jahren faktisch eine Neugründung, so dass am 4. Juli 1926 endlich durchgehende Züge von Brig bis Disentis verkehren konnten.
Auf der vorhergehenden Doppelseite ist auf dem Bild ganz links einer der ersten Züge in Gletsch im Juli 1915 zu sehen. Es führt Lok HG 3/4 Nr. 8 der BFD (Brig–Furka–Disentis), die soeben auf der Drehscheibe in Gletsch gedreht wurde und vor der Talfahrt noch Wasser aufnimmt. Rechts davon die Strecke Tschamut–Oberalp im Bau im September 1915. Lok Nr. 3 dient als Triebfahrzeug des Bauzuges, mit dem die Schienen verlegt werden.
Ein glücklicheres Los als die Furkabahn erfuhr die von Beginn an elektrisch betriebene Schöllenenbahn Göschenen–Andermatt, die 1917 als selbständige Unternehmung in Betrieb kam und nicht zuletzt dank einem regen Militärverkehr aufblühte. Auf Seite 91 ist einer ihrer ersten Züge zu sehen, wobei die elektrische Lok HGe 2/2 den Zug im Gegensatz zu heute noch über die Steigung zieht und nicht schiebt.
Schliesslich wollen wir den Reigen der Bergbahnen mit der 1908/1910 eröffneten Berninabahn schliessen, einer Adhäsionsbahn mit Gleichstrom von 850/1000 Volt und Triebwagenverwendung ähnlich der Montreux–Oberland-Bahn. Auf dem nebenstehenden Bild fährt ein Zug mit zwei Motorwagen, geführt vom BCe 4/4 Nr. 8, in die höchstgelegene Station Bernina-Hospiz auf 2257 m ü.M. ein.

Die elektrischen Alpenbahnen

Der elektrische Gleichstrombetrieb der Montreux–Oberland-Bahn und der Berninabahn bewährte sich auch unter härtesten Wetterbedingungen reibungslos. Die mit eigentlich primitiven, von Strassenbahnfahrzeugen nur in der Grösse, nicht aber in der elektrischen Ausrüstung wesentlich abweichenden Triebwagen geführten Züge bewältigten Steigungen von 70 Promille auch in schneereichen Wintern ohne Schwierigkeit. Der elektrische Bahnbetrieb war sauber, sicher und dank der benützten Wasserkraft auch billig. Anderseits hatte die Erfahrung am Simplon gezeigt, dass lange Alpentunnels dank der elektrischen Traktion ohne Lüftungsprobleme betrieben werden konnten. Also war die Losung für den zu wählenden Betrieb bei neuen Alpenlinien klar: sie hiess Elektrifikation.

Die erste Gebirgsbahn der Schweiz, auf der die Vorteile des elektrischen Betriebes zur Anwendung gelangen sollten, war gleich eine internationale Durchgangslinie von europäischer Bedeutung. Die 1906 gegründete Berner Alpenbahn-Gesellschaft Bern–Lötschberg–Simplon eröffnete nach ausgiebigem Studium der Elektrifikationsfrage einen Probebetrieb mit Wechselstrom von 15000 Volt und 15 Perioden/Sek. auf der noch verkehrsschwachen Stichbahn Spiez–Frutigen. Am 1. November 1910 übernahmen drei Triebwagen den regelmässigen Dienst, während für Güterzüge die beiden grossen Lokomotiven Fc 6/6 von Oerlikon mit Bauart C'C' und Fb 4/6 von AEG und Krauss mit Bauart 1'B+B1' zur Verfügung standen. Die AEG-Lok befriedigte weniger und ging zurück nach Deutschland, wo sie in ihre beiden Hälften aufgeteilt lange Pendelzüge im Hinblick auf die vorgesehene Einphasen-Elektrifikation der Berliner Stadtbahn führte. Die Oerlikoner C'C'-Maschine wurde als Vorbild für den Triebfahrzeugpark der durchgehenden Linie gewählt, und der an ihr von der Erbauerin des mechanischen Teils, der SLM Winterthur, erstmals angewandte Schrägstangenantrieb mit Blindwelle kam später an sehr zahlreichen elektrischen Lokomotiven der ganzen Welt zum Einbau. Die Fc 6/6 Nr. 121, nach 1920 in der noch heute üblichen Gattungsabkürzung als Ce 6/6 bezeichnet, verkehrte treu und redlich noch fast sechzig Jahre lang und verbrachte ihre alten Tage auf der Linie Bern–Neuenburg.

Oerlikon aber konstruierte auf Grund der mit dieser Probelok getätigten Erfahrungen eine ganze Serie leistungsfähiger Berglokomotiven für die durchgehende Lötschbergstrecke. Das waren die berühmten Be 5/7, mit zwei hochgelagerten Reihenschlussmotoren von je 1250 PS Leistung und mit fünf durch Stangen angetriebenen Achsen. Eine dieser Maschinen kam 1912, die restlichen zwölf 1913 in den Dienst. Das Bild auf Seite 94, das die Lok Be 5/7 Nr. 157 im Oktober 1946 im ersten Stadium des Abbruchs in der BLS-Werkstätte Spiez zeigt, gibt einen deutlichen Einblick in diese epochemachende Maschinenserie. Die Kraftübertragung mit Kandó-Rahmen bereitete anfänglich Mühe, da die beiden Motoren bei mehreren kritischen Geschwindigkeiten Schüttelschwingungen verursachten. Durch den Einbau gefederter Ritzel gelang es aber, diesen Übelstand zu eliminieren.

Die Be-5/7-Loks der BLS, von denen eine zum Glück im Verkehrshaus der Schweiz in Luzern aufbewahrt ist, markieren die Volljährigkeit der elektrischen Bahntraktion. Jahrzehntelang schleppten sie scheinbar mühelos schwere Schnellzüge und Güterzüge über die mit 27 Promille ansteigende Linie.

Das nebenstehende, von Hans Ulrich Würsten aufgenommene Bild zeigt die Be 5/7 Nr.154 im Sommer 1944 in Frutigen vor einem Schwermotorwagen Fe 4/5 der BN. In ihren letzten Jahren wurden die Be 5/7, deren Leistung mit 2500 PS für den schweren Dienst zu gering war, für einfachere Aufgaben eingesetzt.

164
BLS

Um den nach Ablauf des Ersten Weltkrieges gewaltig gestiegenen Verkehr über die Alpenbahn besser bewältigen zu können, schaffte die BLS im Jahre 1926 zwei neue Elektrolokomotiven grosser Leistung an. Im Gegensatz zu den Be 5/7 besassen diese achtachsigen Maschinen nun den Einzelachsantrieb, mit Übertragung nach Meyfarth-Sécheron. Das Bild auf dieser Seite zeigt eine der beiden Loks, die Be 6/8 Nr. 201, kurz nach 1926 vor einem Schnellzug bei Münsingen auf der Strecke Bern–Thun. Mit ihren 4500 PS zählten diese Maschinen damals zu den stärksten Lokomotiven der Welt. Ihr mechanischer Teil war, als Ausnahme für Schweizer Lokomotiven, bei Breda in Mailand konstruiert worden. Im Abstand von jeweils mehreren Jahren kamen weitere Loks der gleichen Achsanordnung hinzu, so dass sich der Bestand der ganzen Reihe bis 1943 auf acht Lokomotiven erhöhte.

Gerade der Durchlauf der BLS-Lokomotiven auf der SBB-Strecke von Thun bis Bern gab nun aber, so gerechtfertigt er in betrieblicher Hinsicht war, neue technische Probleme auf. Die Berglokomotiven der BLS waren für eine Geschwindigkeit von nur 75 km/Std. berechnet worden, weil auf der kurven- und steigungsreichen Linie ja ohnehin nicht schneller gefahren werden konnte. Im Flachland aber genügte diese Geschwindigkeit nicht. So kamen die neueren Maschinen der Reihe 200 als Ae 6/8 mit 90–100 km/Std. in Betrieb, nachdem es der Elektroindustrie möglich geworden war, Kraft und Geschwindigkeit miteinander zu vereinen. Eine dieser späteren, von SLM und Sécheron erbauten Maschinen ist auf dem hinteren Umschlagbild zu sehen. Auch die früheren Be 6/8-Loks wurden zu Ae 6/8 umgebaut.

Den interessantesten Umbau aber erfuhr eine alte Be-5/7-Maschine, indem sie 1942 zu einer Ae 5/7 mit 90 km/Std. Höchstgeschwindigkeit transformiert wur-

de. An Stelle der beiden alten Motoren vermittelten vier neue Schnelläufermotoren eine Kraft von zusammen 3000 PS.
Technisch bewährte sich der Umbau durchaus; wirtschaftlich jedoch lohnte er sich nicht, weshalb die hochgezüchtete alte Be 5/7, nun zur Ae 5/7 Nr. 171 geworden, eine Einzelkonstruktion blieb und ziemlich bald ausrangiert wurde.
Auf dem obenstehenden Bild rattert die 171 hinter einer Ae 3/6 I der SBB vor einem Schnellzug mit 90 km/Std. durch Gümligen an der Strecke Bern–Thun. Das Bild wurde 1943 aufgenommen.

Der Krieg mit seiner Kohlennot führte zum raschen Ausbau des elektrischen Bahnbetriebs. Noch 1912 war die Schweiz der mitteleuropäischen Systemvereinbarung, die den Einphasen-Wechselstrom von 15000 Volt und 15–16 2/3 Hz als Norm festlegte, nicht beigetreten. Die Erfolge der nach genau diesem System elektrifizierten Lötschbergbahn führten aber dazu, den hochgespannten Wechselstrom auch für die zu elektrifizierende Gotthardlinie der SBB als Norm vorzusehen. So kam die Lötschberg-Einphasenspannung, in der Periodenzahl leicht erhöht auf 16 2/3 Hz, auf allen schweizerischen Hauptbahnen generell zur Anwendung. Fast überstürzt gelangte nun eine Linie nach der andern unter den Fahrdraht. Die BLS als bernische Staatsbahn gab den Anstoss zur sofortigen Elektrifikation aller vom Kanton Bern betriebenen und in der BLS-Betriebsgemeinschaft zusammengefassten sogenannten Dekretsbahnen. Schon 1920 waren die Strecken Spiez–Interlaken und Thun–Belp–Bern sowie Spiez–Erlenbach–Zweisimmen elektrifiziert. Für diese Nebenlinien entstand eine Reihe leichter, aber mit 1000 PS auch eher schwacher Ce-4/6-Maschinen. Sie waren für alle Bahnen der BLS-Gruppe gleich gebaut und wurden auch freizügig auf dem ganzen Netz verwendet. Sogar auf der Bergstrecke Frutigen–Brig verkehrten sie vor leichteren Stückgüterzügen und vor Personenzügen, während die Be 5/7 zum Ausgleich die schwereren Dienste im Flachland übernahmen. Auf dem nebenstehenden Bild, das im Sommer 1920 entstand, ist die Lok Nr. 308 der Gürbetalbahn (Bern–Belp–Thun) auf der Station Ausserberg an der Lötschberg-Südrampe zu sehen. Die Maschine war damals ganz neu; offenbar handelte es sich um eine Probefahrt im fahrplanmässigen Dienst. Nach mehr als fünfzigjährigem Gebrauch sind die meisten der ursprünglich 17 Ce-4/6-Lokomotiven noch immer im Dienst. Viele wurden allerdings in den fünfziger Jahren durch Entfernen der Laufachsen in Ce-4/4-Maschinen umgebaut. Lok 308 ist 1954 von der BLS übernommen worden.

Wesentlich ungewohnter in der BLS-Umgebung ist auf dem Ausserberger Fabrikbild der Firma Brown Boveri die rechts dargestellte Lokomotive. Es handelt sich um die Be 4/6 Nr. 12303 der SBB, die soeben abgeliefert worden war und nun eine Probefahrt am Lötschberg absolvierte, bevor sie am Gotthard in den fahrplanmässigen Betrieb kam. Bei den Bundesbahnen war die Elektrifikation nicht so schnell vorangekommen wie bei der BLS. 1919 kam nur gerade die hastig mit Holzmasten umgebaute Strecke Bern–Thun unter den Fahrdraht, und 1920 war der Betrieb am Gotthard erst im späten Herbst möglich, so dass für die Erprobung der grossen Gotthardlokomotiven nur die Lötschbergbahn in Frage kam. Nr. 12303 ist die erste Serienlok der Reihe Be 4/6 gewesen. Sie glich aber der Probelok Be 4/6 Nr. 12302 (zuerst 11302) wie ein Zwilling. Wegen des Zwanges zu raschem Handeln konnten die SBB nicht noch längere Zeit Versuche mit Probelokomotiven anstellen, bevor sie sich zum Bau der grossen Serien entschlossen. Die Probeloks wurden zwar in Auftrag gegeben, doch fast gleichzeitig wurden auch schon die beiden ersten grossen Baureihen bestellt. Die eine von ihnen war die Be 4/6, die Gotthardlok schlechthin, die jahrelang den gesamten Personen- und Schnellzugsdienst von Luzern bis Chiasso besorgte. 40 Lokomotiven dieser Reihe entstanden von 1920 bis 1923.

Zwei typische Einzelheiten des BLS-Bergbetriebes sind auf unserem Bild gut zu erkennen: die englischen Doppelkopfschienen, die von Frutigen bis Brig eingebaut waren, und die schmale Bauart der Stromabnehmer.

308

Die beschränkte Breite der Scherenbügel ergab sich aus dem Profil der Tunnels; sie wurde auch bei den Bundesbahnen zur Norm. Bis in die vierziger Jahre wurde immer mit beiden Bügeln gefahren; erst dann kamen die Doppelschleifstücke auf, dank denen fortan ein einziger Stromabnehmer genügte.

Das obenstehende Bild ist auf der bereits erwähnten SBB-Strecke Bern–Thun, kenntlich an ihren Holzmasten, aufgenommen. Es stammt ebenfalls aus den ersten Jahren des elektrischen Betriebs und zeigt eine SBB Ce 6/8 II vor einem Güterzug bei Ostermundigen. Die Telephonlinien wurden sehr bald verkabelt.

Die Ce 6/8, die uns auf Seite 100 markant entgegenfährt, ist die zweite grosse Baureihe der Gotthardlokomotiven aus der Frühzeit des elektrischen Betriebes. Als «Krokodil» überall in der Welt bekannt geworden, hat sie als Vorbild für ähnliche Bauarten in Österreich, Deutschland, Spanien, Indien und anderswo gedient. Auch sie hat ihre gut fünfzig Jahre harten Dienst hinter sich gebracht, bevor sie zum Alteisen wanderte. Die von Oerlikon entwickelte Ce 6/8 geht auf die erste Probelokomotive Nr. 121 der Lötschbergbahn von 1910 zurück, die ihrerseits das Vorbild der SBB-Probelok Ce 6/8 I Nr. 14201 bildete. Im Unterschied zu dieser heute noch betriebsfähigen ältesten elektrischen SBB-Lokomotive erhielten die Ce 6/8 II Nr. 14251–14285 nicht den Winterthurer Schrägstangenantrieb, sondern einen Kandó-Rahmen an zwei Blindwellen. Bei den 1926/27 nachgebauten Ce 6/8 III Nr. 14301–14318 kehrte man wieder zum Winterthurer Antrieb in ursprünglicher Form zurück.
Ce 6/8 und Be 4/6 waren Stangenlokomotiven, bei denen die Kraft von den hochgelagerten, aber relativ kleinformatigen Reihenschlussmotoren durch Zahnradvorgelege weitervermittelt wurde. Ihre Leistung betrug zwischen 2000 und 2400 PS, war also etwas geringer als diejenige der Be 5/7 der BLS. Am Berg wurde denn auch meistens mit Vorspann gefahren. Auch als später die Einzelachsmaschinen der Reihe Ae 4/7 mit ihrem Buchliantrieb am Gotthard auftauchten, war die Doppelführung aller Schnell- und Güterzüge die Regel zwischen Erstfeld und Biasca. Das nebenstehende Bild zeigt einen mit Be 4/6 und Ae 4/7 bespannten Zug auf der mittleren Meienreussbrücke der Gotthardlinie bei Wassen, aufgenommen im April 1945. Dreissig Jahre lang gaben die Be 4/6 und die Ce 6/8 der elektrischen Gotthardbahn das Gepräge, zusammen mit den schweren Gittermasten

der Fahrleitung, die so schön mit den alten Gitterbrücken aus der Dampfzeit harmonierten.
Als der Dienst am Gotthard von den modernen Ae-6/6-Maschinen übernommen wurde, rückten die Be 4/6 und die Ce 6/8 ins Flachland ab. Ein erfolgreicher Umbau in den vierziger Jahren gestattete die Erhöhung der Höchstgeschwindigkeit bei vielen Ce 6/8, die nun als Be 6/8 die Nummern 13 251 ff. erhielten. Mit maximal 75 km/Std. liess sich der Güterzugsdienst im Mittelland mit diesen Maschinen noch weitere zwanzig Jahre lang gut bewältigen. Die Be 4/6 sollten ebenfalls umgebaut werden, doch blieb die Realisation des Projektes aus. So verdienten die bewährten Gotthardkämpen ihr Gnadenbrot auf Nebenlinien der Ostschweiz und nicht zuletzt auch im Jura, wo ihre gute Steigfähigkeit erneut nutzbar wurde. Das Bild auf dieser Seite ist im Sommer 1950 in Dübendorf an der Strecke Wallisellen–Uster–Rapperswil entstanden. Eine Be 4/6 bringt den aus schönem altem Dreiachsermaterial bestehenden Mittags-Abonnentenzug von Zürich her. Ausser der elektrischen Lok und den Fahrleitungen ist kaum ein Unterschied zum alten Dampfbetrieb zu erkennen. Wie stark hat sich demgegenüber das Bild seit fünfundzwanzig Jahren gewandelt! Heute flitzen moderne rote Triebwagenzüge auf den Zürcher Vorortsstrecken, zum Teil schaffnerlos, und der Betrieb ist rationeller, aber irgendwie seelenlos geworden.
Eine besonders interessante Aufnahme vermittelt uns Seite 103. Sie zeigt die 1920 entstandene Einzelachs-Probelok Ae 4/8 Nr. 11300 mit Antrieben nach Buchli und Tschanz im Vorfrühling 1951 auf der Station Stein-Säckingen. Von Koblenz her ist auch der «Rote Pfeil» Ce 2/4 mit dem eigens für ihn gebauten leichten BCF 4-Anhänger in Stein eingefahren. Die an der Hauptlinie Basel–Zürich gelegene Abzweigstation ist

heute mit Zwischenperrons und Rangiergleisen zu einem modernen, leistungsfähigen Bahnhof ausgebaut, der kaum mehr eine Verwandtschaft zum früheren Zustand besitzt.
Die Ae 4/8 wies als erste unter den elektrischen SBB-Lokomotiven, allerdings bald gefolgt von der Ae 3/6, eine Höchstgeschwindigkeit von 100 km/Std. auf. Sie kam am Gotthard in den Schnellzugsdienst, stand aber nach kurzer Zeit im Etat des Depots Basel, wo sie jahrzehntelang für die Beförderung von Schnellzügen nach Luzern und Zürich verwendet wurde. Ihre dreiteilige, langgestreckte Form mit den verschiedenartigen An-

trieben liess sie äusserlich ungeschlacht erscheinen, doch bewährte sich die Maschine recht gut und war als «Grossmutter» beim Basler Personal nicht unbeliebt.
Die 1935 erschienenen «Roten Pfeile», zuerst als alleinfahrende Schnelltriebwagen zur Bedienung eines Städteschnellverkehrs und zum Ausfüllen von Fahrplanlücken vorgesehen, erhielten erst nach einigen Jahren normale Kupplungen und konnten dann ein leichtes Anhängefahrzeug mitschleppen.
Schon wesentlich früher gab es aber Triebwagen auf den elektrifizierten Schweizer Bahnen. Die Lötschbergbahn nahm schon 1910 für die Strecke Spiez–Frutigen drei Motorwagen Ce 2/4, Nr. 781–783, in den Dienst, die praktisch gleich konzipiert waren wie die weiter vorn dargestellten Wagen der Seetalbahn. Das nebenstehende obere Bild stellt einen BLS-Motorwagen in Frutigen dar, offenbar in dem noch gar nicht mit dem Fahrdraht überspannten Stationsteil der neuen Durchgangsstrecke.
Viel bekannter geworden sind die SBB-Triebwagen der zwanziger Jahre, die ab 1923 in der Ausführung Ce 4/6 als sechsachsige Personenmotorwagen der Bauart A1A + A1A und ab 1927 auch als vierachsige Gepäckmotorwagen Fe 4/4 in den Betrieb kamen. Das untere Bild zeigt einen Ce 4/6-Motorwagen vor einem Personenzug am Gotthard bei Wassen um 1925. Vor allem in ihrer Jugendzeit kamen diese Wagen auch auf der Gotthardlinie zum Gebrauch. Ihre eigentliche Domäne war aber der Vorortverkehr der grossen Städte, den sie mit fernsteuerbaren Pendelzügen, an jedem Ende ein Ce 4/6, bravourös bewältigten. Die alten Ce 4/6 sind ähnlich den Fe 4/4 nach 1960 mit neuen Stahl-Wagenkasten versehen worden und können mit ihren 854 PS immer noch kräftige Arbeit leisten.

Das Bild auf Seite 105 bringt den Übergang zur Gegenwart, wie er bezeichnenderweise bei der BLS wiederum früher eingesetzt hat als bei den SBB. Es zeigt, im Frühjahr 1945 bei Wengi an der Strecke Spiez–Frutigen entstanden, die erste und wegweisende moderne Drehgestell-Lokomotive Ae 4/4 Nr. 251 vor einem Probezug aus grossenteils noch hölzernem Material. Die Reihe Ae 4/4 hat mit ihren 4000 PS, in späterer Ausführung bis auf 6200 PS gesteigert, den Bahnbetrieb der Lötschberglinie revolutioniert. Sie wirkte als Vorbild auf moderne Lokomotivkonstruktionen in vielen Ländern.

Wenden wir uns nun aber noch der dritten grossen Alpenbahn, die schon sehr früh den Wechselstrombetrieb einführte, zu: der schmalspurigen Rhätischen Bahn. Mit ihren Linien Chur–Albula–St. Moritz und Schuls sowie Landquart–Davos besitzt sie unzweifelhaft Hauptbahncharakter. Zudem liegen lange Strekken, vor allem die Engadiner Linien, auf Höhen von mehr als 1500 Metern über Meer. Die Elektrifikation der Strecke Samaden–Bevers–Schuls im Jahre 1913 war deshalb ein Wagnis, dessen Gelingen nicht von vorneherein feststand. Ähnlich wie bei der Lötschbergbahn handelte es sich bei dieser Linie, die zur Fortsetzung einerseits ins Tirol nach Landeck, andererseits nach Süden gegen Chiavenna vorgesehen war, um einen Neubau. Die Elektrifikation erfolgte unter der Leitung deutscher Firmen, vor allem der Siemens Schuckert GmbH in Berlin, weshalb denn auch im Fahrleitungs- und Triebfahrzeugbau deutsche Prinzipien zur Anwendung kamen. Als Lokomotiven wurden die Bauarten 1'B1' und 1'D1' verwendet, die mit verschiedenen Motor- und Triebwerkkonstruktionen von den Fabriken Brown Boveri, Oerlikon und AEG Berlin hergestellt worden waren.
Das Bild auf dieser Seite zeigt die von der AEG 1913 erbaute Lokomotive Ge 4/6 Nr. 391. Als einzige der Schweiz besass diese Maschine Winter-Eichberg-Motoren mit einer recht komplizierten Anfahrschaltung. Die Aufnahme stammt von 1943. Während voller sechzig Jahre hat Lok 391 treu ihre Stammstrecke St. Moritz–Schuls befahren und dabei nicht wenige aufregende Zwischenfälle bestanden, so 1937 einen Sturz aus fast 100 Metern Höhe in den hochgehenden Inn. Heute ist sie in Landquart remisiert.
Auf dem Bild rechts fährt ein von Lok Ge 4/6 Nr. 301 geführter Zug von Lavin gegen Schuls hinunter. Lok 301 besass Déri-Repulsions-Motoren, die mit Schräg-

stangen auf die Triebachse wirkten. Sie ist seit 1968 ausrangiert.
Und schliesslich ist auf dieser Seite die bekannteste Lokomotivgattung der RhB sichtbar: die den Gotthard-Krokodilen ähnliche Ge 6/6 der Serie 401. Wie ihr Vorbild am Gotthard, war auch diese Maschine dreigeteilt, mit zwei Triebgestellen und Motoren in Vorbauten, die durch einen Mittelbau, der die Führerstände und den Transformator aufnahm, verbunden wurden. Wegen der befürchteten Isolationsschwierigkeiten in den zahlreichen Tunneln von engem Profil wurde die Wechselstromspannung auf bloss 11 000 Volt statt der am Gotthard und Lötschberg verwendeten 15 000 Volt festgesetzt.
Aus dem 1946 in Filisur entstandenen Bild, das die Linienentwicklung gegen Stuls–Bergün hinauf mit ihren 35 Promille Steigung gut darstellt, wird der Hauptbahncharakter der Rhätischen Bahn deutlich. Die starken Schmalspurlokomotiven der Klasse Ge 6/6 verfügten über 1200 PS. Die ersten kamen 1921 in den Betrieb, die letzte, hier im Bild sichtbare Nr. 415 erst 1929. Über Jahrzehnte waren sie die Triebfahrzeuge schlechthin auf der Albula-Strecke und zwischen Landquart und Davos, während die älteren 1'D1' und 1'B1'-Loks im Engadin und im Bündner Oberland verkehrten. Hinderlich war lediglich eine etwas geringe Höchstgeschwindigkeit von 55 km/Std.

Dank der Elektrifikation ihrer grossen Alpenbahnen, der noch in den zwanziger Jahren die Umstellung sozusagen aller wichtigen Hauptlinien folgte, war die Schweiz früh schon das Land der elektrischen Bahnen geworden. Die Züge fuhren sauber, schnell und sicher und warben so für sich selbst, auch wenn der Betrieb an sich noch für lange Zeit keinerlei modernen Prinzipien folgte.

Dampfromantik

Dennoch war noch lange nicht alles elektrisch, was da über die Schienenwege der Schweiz fuhr. Sogar die Bundesbahnen besassen noch bis in die sechziger Jahre einige Strecken von weniger starker Verkehrsbedeutung, die noch mit den guten alten Dampflokomotiven betrieben wurden. Eine SBB-Strecke, jene von Etzwilen nach dem badischen Singen, ist sogar heute noch nicht elektrifiziert; sie wird, nachdem alle SBB-Dampflokomotiven ausrangiert sind, mit Diesellokomotiven befahren.

Auf den Nebenbahnen erhielt sich das, was mit dem Wort «Dampfromantik» umschrieben werden kann, frisch und lebendig bis in die vierziger und fünfziger Jahre hinein. Da hallten in einsamen Juratälern die Wälder vom Auspuffschlag der Vierzylinderverbund-A-3/5, da legten sich lange Rauchfahnen über das weite Mittellandtal zwischen Dielsdorf und Niederweningen, und dort unten im Tessin fuhren wuchtige C 5/6 mit schweren Güterzügen von Luino her dem Langensee entlang gegen Bellinzona. Auch in Notfällen, wenn etwa Lawinen die Fahrleitungen herunterrissen, war man um die Hilfe der alten Dampfrösser froh; allenthalben im Lande waren deshalb in den Depots einige «Choli» betriebsbereit stationiert. Erst das Aufkommen der Dieselmaschinen, die weniger Wartung benötigten und auch nicht lang angeheizt werden mussten, bevor sie zum Dienst ausrücken konnten, liess die Dampfreserven entbehrlich werden.

Eine Domäne des Dampfbetriebes war bis in die sechziger Jahre hinein Basel. Hier an der Landesgrenze, wo verschiedene Bahnen und Traktionssysteme aneinander stiessen, konnten sich die C 5/6, die E 4/4 und vereinzelte C 4/5 und B 3/4 am längsten halten. Welche Freude war das, wenn ein 1200 Tonnen schwerer Güterzug vom Rheinhafen Kleinhüningen her hinter einer starken und mit Ballast noch besonders beschwerten C 5/6 die 15-Promille-Steigung nach dem Rangierbahnhof Muttenz hinaufkroch. Eine Freude vielleicht weniger für die Anwohner, die den Rauch zu spüren bekamen – aber wohl immer noch eine weniger grosse Not als heute, da die gleichen Anwohner der Basler Verbindungsbahn von den Abgasen der auf der unmittelbar angrenzenden Autobahn dahinsurrenden Autos gequält werden! Nun, die Zeit des Dampfbetriebes mit der Sorge um schwarzfleckige Wäsche ist vorbei, aber besser ist die Welt darob noch nicht geworden.

Dampfparadiese wie allenthalben blieben noch lange die Nebenbahnen. Wenn es auch in der Schweiz keine «liebe alte Bimmelbahn» gab, weil hierzulande die Verwendung von Läutewerken an den Triebfahrzeugen nicht vorgeschrieben war, so gab es doch jene besondere Nebenbahnatmosphäre, die sich sogar zum Teil in die Zeit des elektrischen Betriebes hat hinüberretten können. Wenn etwa die starken, gedrungenen Mogulmaschinen der Huttwiler Bahnen durchs östliche Emmentaler Gebiet stampften oder wenn der altertümliche Dampftriebwagen von Uerikon am Zürichsee hinauf nach Hombrechtikon und Bubikon fuhr, dann konnte der Eisenbahnfreund seine helle Freude haben.

Eines der schönsten Ereignisse des Jahres für jeden Freund des Dampfbetriebes war bis 1948 der Pferdemarkt im jurassischen Saignelégier anfangs August. Saignelégier war damals durch die normalspurige Linie nach Glovelier mit der Welt verbunden, abgesehen vom schmalspurigen Dampfbähnchen, das nach La Chaux-de-Fonds fuhr und in Le Noirmont Anschluss an die ebenfalls schmalspurige, aber elektrische Nebenbahn nach Tavannes fand. Auf dem 1904 in prachtvoller Linienführung abseits aller Ortschaften als Hauptbahn erbauten «Régional Saignelégier–Glovelier» verkehrte normalerweise ein Dampftriebwagen zwei-, dreimal im Tag. Am Pferdemarkt aber, der grossen Zustrom von Interessenten aus den landwirtschaftlich orientierten Gegenden des Schweizer Mittellandes fand, mussten Dampflokomotiven der SBB einspringen, um die langen Züge zu befördern. Zwei Maschinen vorn und zwei am Schluss zogen und schoben ihre Fracht über die mit 27 Promille wie die Gotthardbahn steigende Strecke aufs Hochplateau der Freiberge hinauf. In der Zwischenstation Saulcy, die im Gegensatz zu Saignelégier über gutes und reichliches Wasser verfügte, wurde der Tender aufgefüllt. Das war ein Qualm und ein Fauchen, wenn jeweils sechs oder acht Dampfloks – meist der Reihe B 3/4 1300 der SBB zugehörig – in Saulcy sich verproviantierten! Einer dieser Momente, im August 1945 aufgenommen, ist auf dem nebenstehenden Bild zu sehen. Die Station Saulcy heisst jetzt Bollement, die Strecke ist schmalspurig und elektrifiziert, und das auf dem Titelbild sichtbare hübsche Bahnhofsgebäude ist abgebrochen.

Auf der gegenüberliegenden Seite ist ein Personenzug der Tösstalstrecke der SBB 1947 in Turbenthal zu sehen. Geführt wurde der Zug von einer Ec 3/5 der Reihe 6600.

S B

Lange Zeit waren auch einzelne Schmalspurbahnen Refugien des Dampfbetriebes. Unter ihnen befand sich die Bahn mit der schmalsten Spurweite der Schweiz, die einzige Strecke mit 75 cm, ähnlich wie die württembergischen, sächsischen und auch die österreichischen Schmalspurlinien. Das war die nur 14 km lange Waldenburgerbahn von Liestal nach dem Jurastädtchen Waldenburg, die den Dampfbetrieb erst 1953 aufgab, aber seit der Elektrifikation nun um so besser floriert. 1938 noch hatte sich diese Bahn die jüngste Schweizer Dampflok beschafft, eine starke Tendermaschine der Bauart D1', mit amtlicher Bezeichnung G 4/5 Nr. 7. Diese Maschine ist auf dem nebenstehenden Bild zu sehen, als sie sich 1942 vor der – heute verlegten – Station Bad Bubendorf befand und sich anschickte, ihren aus vier Vierachswagen bestehenden Zug bergan weiterzuschleppen. Lok 7 der WB bewährte sich glänzend.
Wieder hinauf auf die Freiberge führt das Bild auf der folgenden Seite. Da sehen wir den Schmalspurzug der Linie Saignelégier–La Chaux-de-Fonds bei der Kreuzung mit einem Gegenzug. Die Fahrleitungen gehören der bereits erwähnten Gleichstrombahn nach Tavannes. Die Lok G 3/3 Nr. 6 «PSC» gehörte der schmalspurigen Bahn Pont–Sagne–Chaux-de-Fonds und wurde nur an den Tagen des Pferdemarktes nach Saignelégier ausgeliehen. Von 1950 bis 1956 diente sie dann vollamtlich für Saignelégier–La Chaux-de-Fonds, wobei aus der Nummer 6 kurzerhand eine 9 gedreht wurde. Die kreuzende Maschine ist eine Mallet-G 2×2/2 der Saignelégier–Chaux-de-Fonds-Bahn, gebaut 1892 bei Jung in Jungenthal. Die Aufnahme fand im August 1945 statt; noch im Mai desselben Jahres war der Bahnhof Le Noirmont aus Versehen von amerikanischen Flugzeugen bombardiert worden.

FUMEURS
III
24 PL

Und schliesslich die Dampftriebwagen! Ohne sie wäre der Verkehr auf vielen Nebenstrecken unwirtschaftlicher gewesen als er es ohnehin schon war. Sie gaben mit ihren spielzeughaften Triebstängelchen und ihren winzigen Zylindern den Eindruck von Zerbrechlichkeit, Schadhaftigkeit, waren aber dessen ungeachtet in vielen Fällen sehr brauchbare Vehikel und dienten jahrzehntelang. Einige von ihnen fuhren auf den Linien um Huttwil, andere von Saignelégier nach Glovelier und wieder andere zwischen Oensingen und Balsthal sowie im Traverstal. Die Pilatusbahn führte schliesslich ihren ganzen Betrieb mit Dampftriebwagen durch, die sich von 1889 bis 1937 hielten. Die hier abgebildeten Fahrzeuge gehören zu den eigenartigen Sonderformen, die nur in je einem einzelnen Exemplar vorkamen. Links der für Gepäck- und Postbeförderung eingerichtete Triebwagen FZm 1/2 der Sursee–Triengen-Bahn. Er musste also einen Personenwagen mitführen, wenn er auf die Reise ging, denn auf dieser Nebenbahn gab es ja keine Züge ohne Personenbeförderung. Weil die Strecke flach und der Verkehr gering war, ging es aber gut so. Unser Bild ist 1944 bei Triengen aufgenommen worden. Die Aufnahme rechts bildet den einzigen Dampftriebwagen ab, der bei den SBB im Dienst stand. Er wurde noch von der Nordostbahn kurz vor der Verstaatlichung bestellt und war für den Zürcher Vorortsverkehr vorgesehen. Dafür erwies er sich aber, wie man sich unschwer vorstellen konnte, bald als zu schwach. Die Bundesbahnen verkauften das in der Maschinenfabrik Esslingen zuerst mit einem Serpollet-Kessel konstruierte, dann nach System Kittel umgebaute Fahrzeug 1907 an die Uerikon–Bauma-Bahn, wo es bis zur Betriebseinstellung 1948 blieb. Jetzt ist es für das Verkehrshaus aufbewahrt. Die Aufnahme zeigt den Wagen 1945 noch im vollen Betrieb.

HOMBRECHTIKON

Mit der fortschreitenden Elektrifikation wurde aber doch ein Grossteil der Dampflokomotiven überflüssig. Ihr guter Erhaltungszustand liess ihren Verkauf, sofern er möglich war, tunlich erscheinen. Bereits sahen wir, wie die Dampfloks der Rhätischen Bahn allenthalben in Europa und Asien Abnehmer fanden. Auch viele Maschinen der Bundesbahnen wurden ins Ausland verkauft und fanden beispielsweise in Rumänien und Bulgarien eine neue Heimat. Den neuesten Typen aber wartete, als der Krieg kam, eine andere Aufgabe. Auf mehr oder weniger gelinden Druck des Deutschen Reiches fuhren zahlreiche C 5/6 und C 4/5 1942 über die Grenze ins nördliche Nachbarland, um dort die Stelle der nach Russland abgezogenen deutschen Triebfahrzeuge einzunehmen. Formell sollten mit Hilfe der SBB-Lokomotiven Kohlenzüge für die schweizerische Landesversorgung vom Ruhrgebiet nach Basel transportiert werden. In Tat und Wahrheit dienten diese Loks ganz einfach dem innerdeutschen Verkehr. Wegen ihrer für deutsche Verhältnisse ungewohnten Vierzylinder-Verbundbauart wurden sie zum Glück vor allem im Süden, in Baden, Württemberg und Bayern eingesetzt, doch gingen einige C 4/5 als Kriegsopfer in Polen und Russland verloren. Auf Seite 116 ist ein Reichsbahn-Güterzug mit einer vermieteten C 5/6 im Sommer 1942 in der zur Reichsbahnstrecke Basel–Waldshut–Schaffhausen gehörenden, aber auf schweizerischem Boden liegenden Station Wilchingen-Hallau zu sehen. «Kein Eingang» befiehlt symbolisch ein Schild; die Grenze war damals hermetisch geschlossen und beiderseits scharf bewacht. Zum Glück kehrten alle C 5/6 heil wieder heim, doch als sich das Kriegsglück gewendet hatte, harrte ihrer bereits eine andere Arbeit. Frankreich litt nach seiner Befreiung unter einem katastrophalen Triebfahrzeugmangel. Hier nun galt es, mit schweizerischem Roll-

141 E
224

material von Sète, Toulon und Marseille her die Versorgung der Schweiz mit Einfuhrgütern sicherzustellen. Zahlreiche C 5/6 dienten in französischen Depots, von der SNCF gemietet, für diese Transporte. Im Bild auf Seite 117 steht eine brave Eidgenossin mitten unter französischen Maschinen, darunter einer brandneuen 141 R, im März 1946 im Depot Ambérieu an der Strecke Lyon–Genf.

Holland war noch schlimmer dran als Frankreich. Sein vor dem Krieg so musterhaftes Eisenbahnnetz war hemmungslos zerstört worden. Die Niederländischen Eisenbahnen mussten Lokomotiven erwerben, wo sie sie nur fanden. So gingen 1946 und 1947 mehrere Transporte schweizerischer B 3/4-Dreizylindermaschinen, E 3/3-Rangiermaschinen und Ec 3/4-Tenderloks und schliesslich der ganze restliche Bestand der stolzen A 3/5 600er nach Holland.

Stammt das Bild auf Seite 118 aus der Schweiz oder nicht? Es zeigt den – heute völlig verschwundenen – Bahnhof Rotterdam-Maas im April 1948 mit der A 3/5 3518 ex 642 und der E 3/3 7851 ex 8438 ex J-S 864. Auf Seite 119 ist ein Schnellzug Den Haag–Utrecht mit einer A 3/5 bei Gouda zu sehen. Leider konnten sich die schönen, aber eher für Hügellandstrecken als für das Flachland geeigneten und mit ihrem Verbundtriebwerk für die niederländischen Eisenbahner unge-

wohnten SBB-Schnellzugsloks in der neuen Heimat nicht lange bewähren; sie wurden bis 1951 alle ausrangiert. Die E 3/3 und die andern SBB-Typen gingen schon früher zum Schrott.
Auch im eigenen Land verschwanden die alten Dampfloks nach dem Krieg zusehends, nachdem ihnen einige wasserarme Winter noch einen kurzen Aufschub gewährt hatten, währenddessen sie unter dem Fahrdraht leichtere Züge anstelle der zum Stromsparen im Depot behaltenen elektrischen Triebfahrzeuge führen durften.
Was blieb, sind neben einigen zum Glück aufbewahrten Museumslokomotiven, unter anderem der aus guten Teilen verschiedener Maschinen des Typs zusammengesetzten A 3/5 705, vor allem leichte Rangierlokomotiven gewesen. Sie fanden auf Privatbahnen, zum Beispiel bei der noch nicht elektrifizierten Nebenbahn Sursee–Triengen, für ihre alten Tage Beschäftigung. Andere Lokomotiven sind von privaten Industriefirmen für ihre Anschlussgleise angekauft worden. Auf Industriebahnen finden sich denn auch immer noch einige munter unter Dampf stehende sehr alte Fahrzeuge, so bei von Roll in Gerlafingen, Choindez und Rondez, kleine Tenderlokomotiven aus dem letzten Jahrhundert mit Brownschem Doppelhebelantrieb. Die heute älteste Lokomotive der Schweiz aber wird nicht bei den von Rollschen Eisenwerken, sondern bei den Metallwerken Dornach in Ehren gehalten. Das ist die 1874 von Krauss in München erbaute, also jetzt genau hundertjährige zweiachsige Tenderlok «Zephir» der alten Bödelibahn, die einst von Därligen am Thunersee hinüber ans Brienzerseeufer nach Bönigen fuhr und dabei vor allem Interlaken berührte. Unser Bild zeigt sie 1946 mitsamt ihrer Bedienungsmannschaft am Werk im Anschlussbahnhof Dornach-Arlesheim.

Der Neuzeit entgegen

Unser Buch will die Schweizer Bahnen von Anno dazumal schildern und nicht den modernen Bahnbetrieb der Gegenwart, über den ja genügend Publikationen bestehen. Dennoch ist es sicher richtig, nicht bei den alten Dampfzügen und bei den ersten elektrischen Lokomotiven stehenzubleiben, sondern zu zeigen, wie sich der Übergang zur eisenbahntechnischen Neuzeit vollzog. Denn gerade in der Schweiz sind dabei einige höchst interessante Lösungen geschaffen worden, die sich vielleicht weniger für das eigene Land, dafür aber für weite Gebiete der Welt ausgewirkt haben. Denken wir nur an die erste, von Sulzer 1912 geschaffene Diesellokomotive, die berühmte 2'B2', die ihre ersten Probefahrten auf den SBB-Strecken Winterthur–Weinfelden und Winterthur–Bülach–Eglisau ausführte und dann zu den Preussischen Staatsbahnen kam, aber wegen verschiedener Mängel, vor allem wegen ihres für den Betrieb unmöglichen Direktantriebes, nie fahrplanmässige Züge führte.

Ein sehr interessantes Fahrzeug aus der allerersten Zeit der Dieseltraktion ist glücklicherweise in der Schweiz erhalten geblieben. 1914 bestellte die Sächsische Staatsbahn bei Sulzer und Brown Boveri zwei dieselelektrische Triebwagen mit je 125 PS Leistung, die auch für die Mitnahme von Anhängewagen geeignet sein sollten. Der Umweg über den elektrischen Gleichstrombetrieb ergab sich aus dem Umstand, dass der Dieselmotor mit direkter Transmission nur sehr schwer den schwankenden Leistungsbedarf des Bahnbetriebes meistern kann und überdies nicht fähig ist, selbst zu starten. Mit einem normalen Gleichstrom-Traktionsmotor, der ab Batterie anfahren kann, löst sich das Problem leicht, wobei die Batterie gleich noch zum Anlassen des Diesels verwendet werden kann. Als erste dieselelektrische Eisenbahn-Triebfahrzeuge der Welt waren deshalb die beiden sächsischen Triebwagen, neben gleichartigen der Preussischen Staatsbahn, durchaus betriebstüchtig. Wegen des Weltkrieges kamen sie freilich erst 1920 in den fahrplanmässigen Verkehr, und als die Fahrleistungen in ihrem Einsatzbereich zunahmen, genügte ihre schwache Kraft nicht mehr. Durch Vermittlung der Erbauerfirma kamen sie 1923 in die Schweiz zurück, wo sie mit neuen, stärkeren Dieselmotoren ausgerüstet wurden und auf der normalspurigen Privatbahn Travers–Fleurier–Buttes/St-Sulpice im neuenburgischen Val de Travers eine Arbeitsstätte fanden. Einer der beiden Wagen, der BCm 2/5 Nr. 9, ist auch nach der Elektrifikation dieser Bahn im Rangierdienst weiter benützt worden und kam schliesslich in die Obhut des Verkehrshauses der Schweiz. Das Bild auf Seite 123 zeigt ihn 1944 auf der Strecke Fleurier–Buttes. Er besass zuletzt einen Sulzer-Dieselmotor von 200 PS, der an den ursprünglichen Gleichstromdynamo gekuppelt war. Die elektrische Kraft wurde von einem hochliegenden Motor im hinteren Drehgestell über eine Blindwelle auf die beiden Antriebsachsen übertragen. Die Höchstgeschwindigkeit betrug 50 km/Std.

Sehr bald erwies sich die Dieseltraktion als Ersatz des teuren und schwerfälligen Dampfbetriebes auf Nebenbahnen als das geeignete Betriebsmittel, wenn nicht

RSHB
№ 22

die Elektrifikation in Frage kam. In der Schweiz freilich haben nur wenige Privatbahnen Dieseltriebwagen angeschafft, vor allem die Mittelthurgaubahn Konstanz–Weinfelden–Wil. Auf die Dauer war der elektrische Betrieb billiger.

Als das Bundesbahnnetz weitgehend elektrifiziert war, schlossen sich alle noch beim Dampfbetrieb verbliebenen normalspurigen Privatbahnen und auch mehrere Schmalspurbahnen an das Wechselstromsystem mit 15 000 Volt und 16 2/3 Hz an. Unter anderen Verwaltungen stellten auch die mit der Emmentalbahngruppe verbundenen Vereinigten Huttwiler Bahnen den Betrieb um, nachdem sie aus verschiedenen kleinen Einzelunternehmungen zu einem einheitlichen Ganzen zusammengeschmolzen waren. Im Juli 1945 fand in Huttwil die Feier der Elektrifikation Langenthal–Huttwil statt, und bis zum Frühjahr 1946 war auch das übrige VHB-Netz unter dem Fahrdraht. Auf Seite 122 steht der elektrische Eröffnungszug, der mangels eigener Triebfahrzeuge noch von einer Be 4/4 der Emmentalbahn geführt wird, in Huttwil neben der Dampflok Ec 3/4 Nr. 22 der ehemaligen Ramsei–Sumiswald–Huttwil-Bahn. Bald nachher bekamen die VHB geräumige Wechselstromtriebwagen.

Bei den SBB erfasste die letzte grosse Elektrifikationswelle in den vierziger und fünfziger Jahren fast alle bisher noch dampfbetriebenen Strecken. Auch hier gab es fast jedes Jahr Eröffnungsfeiern elektrischer Linien. Hatte bisher noch ein beschränkter Bedarf nach Dieseltriebfahrzeugen bestanden, so sank er nun faktisch zur Bedeutungslosigkeit herab. Die Industrie aber war darauf angewiesen, für ihre technische Entwicklungsarbeit praktische Erprobungsmöglichkeiten zu besitzen. Hier mussten die Bundesbahnen auf dem Gebiet der Traktionsmittel zwangsläufig einspringen. 1941 entstand in Baden und Winterthur die erste Gasturbinenlok der Welt, die als Am 4/6 Nr.1101 von den SBB übernommen und bis 1954 eingesetzt wurde. Das war eine Maschine der Achsenanordnung 1'A-Bo-A 1' mit elektrischer Übertragung durch Gleichstrommotoren, ähnlich einer dieselelektrischen Lok; die Gleichstrommotoren konnten nach 1954 sogar weiterverwendet werden, als die Maschine mit der Bezeichnung Ae 4/6 III Nr.10851 zur elektrischen Dreisystemlok umgebaut worden war.
Obschon naturgemäss in der Schweiz wenig Möglichkeiten der Verwendung einer grossen Gasturbolok bestanden, zwang in den Wintern 1945/46 und 1946/47 der Mangel an hydroelektrischem Bahnstrom zu ihrem Einsatz. In Basel stationiert, schleppte sie mit ihren 2200 PS nutzbarer Leistung schwere Schnellzüge fahrplanmässig nach Luzern, Bern, Zürich und zurück. Das Bild auf Seite 124 zeigt die Am 4/6 1101 vor Zug 462 Basel–Luzern im Januar 1947 bei Basel-St.Jakob.

Andere Sonderfälle thermischer Triebfahrzeuge waren die beiden mitten im Krieg aus normalen E 3/3-Rangiermaschinchen umgebauten Dampfloks mit elektrischer Kesselbeheizung. Der Heizstrom kam aus dem Wechselstrom-Fahrdraht, doch konnten die Maschi-

nen auch einige Zeit stromlos verkehren. Auf Seite 125 ist die E(e) 3/3 Nr. 8522 im Sommer 1943 in St. Gallen zu sehen. Nach Behebung des Kohlenmangels wurde die Elektroheizung wieder entfernt.

Schon 1937 waren mit neuem Leichtstahl-Wagenmaterial die ersten Städte-Leichtschnellzüge auf dem Netz der Bundesbahnen eingeführt worden. Als Triebfahrzeuge dienten zuerst noch die bewährten BBC-Buchlimaschinen der Serie Ae 3/6 I, deren jüngere Nummern auf eine Höchstgeschwindigkeit von 110 km/Std. umgebaut wurden. Nach einem kurzen Zwischenspiel leichter Gepäckmotorwagen, die sich aber als zu schwach erwiesen und verkauft wurden, entstand dann 1946 in der Drehgestellok Re 4/4 I das adäquate Triebmittel für diesen Verkehr. Gleich den Ae 4/4 der Lötschbergbahn haben die Re 4/4 der SBB den Übergang zum Bahnbetrieb der Neuzeit markiert. Im Sommerfahrplan 1946 gelangten sie an ihre Aufgabe als Leichtschnellzugsloks. Auf der nebenstehenden Seite führt eine Maschine der ersten Bauserie, die damals die Nummern 401 bis 408 (heute 10001 ff.) trug, einen Städteschnellzug Genf–Bern–Zürich kurz nach dem Fahrplanwechsel im Mai 1946 bei der Ausfahrt Bern-Wilerfeld in Richtung Zollikofen.
Wer die heutige Situation des Aufnahmeortes am nördlichen Stadtrand von Bern kennt, dem wird das noch keine dreissig Jahre alte Bild geradezu unwirklich vorkommen. Gewiss, Züge wie der dargestellte sind auch heute noch oft zu sehen; die Landschaft aber hat sich zum Erschrecken verändert. Die Stadt hat mit ihren Hochhäusern das freie Gelände überwuchert, aber vor allem sind neue Verkehrswege in Erscheinung getreten, die Eisenbahnverbindungskurve nach der Thuner Linie und namentlich das Autobahndreieck Bern-Nord mit seinen Viadukten.

Schweizer Bahnen damals! Auch das Schienennetz hat sich zunächst stürmisch entwickelt, aber doch ist der menschliche Maßstab irgendwie bewahrt geblieben. Selbst wenn das vor dreissig Jahren aufgenommene Bahndienst-Schienenvelo, auf dem übrigens der heutige Chef des Informationsdienstes der SBB sitzt, unterdessen ausgedient hat!

Benützte Literatur

Behrend George, Eisenbahnferien in der Schweiz, Zürich 1965.
Geheimnisse der Eisenbahn, diverse Verfasser, Basel 1945.
Hartmann, Hans-Michael, und Maedel, Karl-Ernst, Zauber der Schiene, Stuttgart 1961.
Haut, F.J.G., The History of the Electric Locomotive, London 1969.
Lok-Magazin, Stuttgart, diverse Jahrgänge.
Lorenz, Benjamin, und Hürlimann, Hugo, Dampf und Rauch im Sunneschy, Wil SG 1947.
Leuenberger, Alfred, Rauch, Dampf und Pulverschnee, Zürich 1967.
Maedel, Karl-Ernst, Liebe alte Bimmelbahn, Stuttgart 1967.
Maedel, Karl-Ernst, Das Eisenbahn-Jahrhundert, Stuttgart 1973.
Mathys, Ernst, Hundert Jahre Schweizerbahnen, historisch und technisch dargestellt, 1841–1941, Bern 1942.
Mathys, Ernst, Beiträge zur schweizerischen Eisenbahngeschichte, Bern 1944.
Messerschmidt, Wolfgang, Zahnradbahnen, Stuttgart 1972.
Moser, Alfred, Der Dampfbetrieb der schweizerischen Eisenbahnen, 3. Aufl., Basel 1947, 4. Aufl., Basel 1967.
Ransome-Wallis, P., Die letzten Dampflokomotiven Westeuropas, Zürich 1965.
Rhätische Bahn, 50 Jahre, Festschrift, Davos 1939.
Röll, Victor, Dr., Encyklopädie des gesammten Eisenbahnwesens, Bd. 1–7, Wien 1890–1895.
Sachs, Karl, Der elektrische Betrieb der Schweizer Bahnen und seine Geschichte, in «Ein Jahrhundert Schweizer Bahnen», Bd. 1, Frauenfeld 1947.
Schwabe, Hansrudolf, Die Sissach–Gelterkinden-Bahn, in «Baselbieter Heimatbuch», Bd. 1, Liestal 1942.
Schwabe, Hansrudolf, Der Staatsbetrieb der schweizerischen Eisenbahnen, Bern 1948.
Schneider, Ascanio, Gebirgsbahnen Europas, Zürich 1963.
Staffelbach, Hans, Vitznau–Rigi, Zürich 1972.
Statistik des Rollmaterials der schweizerischen Eisenbahnen, diverse Jahrgänge, Bern.
Waldorp, Herman, Onze Nederlandse Locomotieven in woord en beeld, Haarlem 1946.
Wenger, William, Eisenbahnen der Welt, Lausanne 1969.
Willen, Peter, Lokomotiven der Schweiz, Normalspur-Triebfahrzeuge, Zürich 1970.
Willen, Peter, Lokomotiven der Schweiz, Schmalspur-Triebfahrzeuge, Zürich 1972.
Winter, Paul, Dampfrossromantik am Gotthard, Zürich 1947.

Bildernachweis

Beringer & Pampaluchi, Zürich: Seite 96.
Brown Boveri & Co. AG, Baden: Seiten 38, 40, 46, 62, 63, 99, 105.
J. Gaberell, Thalwil: Seite 72.
Willy Haller, Zürich: Seite 80.
Maschinenfabrik Oerlikon, Zürich: Seite 42.
K. Meuser, Engelberg: Seite 83.
J. Naegeli, Gstaad: Seite 66.
Perrochet S.A., Lausanne: Seite 39.
Photoglob Wehrli AG, Zürich: Seiten 18, 22, 23, 24, 25, 26, 33, 58, 72, 77, 78, 79, 82, 91.
Fr. Schneeberger, Spiez: Seite 92.
Josef Sager, St. Gallen: Seiten 34, 44, 116, 125, Umschlagbild hinten.
Erich Schwabe, Muri bei Bern: Seite 9.
Hansrudolf Schwabe, Basel: Seiten 6, 10, 13, 54, 55, 56, 57, 61, 64, 81, 86, 92, 97, 102, 103, 106, 108, 111, 112, 113, 114, 117, 118, 119, 120, 122, 124, 126, Umschlagbild vorn, Zeichnungen Vorsatz.
Société graphique, Neuchâtel: Seite 22.
E. Stricker/Sensetalbahn, Laupen: Seiten 50, 52, 58.
Hans U. Würsten, Bern: Seiten 12, 31, 43, 45, 50, 52, 53, 59, 60, 62, 65, 95, 110, 115, 127.
Zumbühl, St. Gallen: Seite 76.

1873

1896

1880

1889

1891

1856

1847

1854

1907

1893

1930